U0311793

中国的世界百年气象站

Centennial Observing Stations in China

（三）

庄国泰 主编

图书在版编目（CIP）数据

中国的世界百年气象站. 三 / 庄国泰主编. -- 北京：气象出版社，2021.12
ISBN 978-7-5029-7632-3

Ⅰ. ①中… Ⅱ. ①庄… Ⅲ. ①气象站－介绍－中国 Ⅳ. ① P411

中国版本图书馆 CIP 数据核字 (2021) 第 264261 号

Zhongguo de Shijie Bai Nian Qixiangzhan（San）
中国的世界百年气象站（三）

出版发行：气象出版社
地　　址：北京市海淀区中关村南大街 46 号　　邮政编码：100081
电　　话：010-68407112（总编室）　010-68408042（发行部）
网　　址：http://www.qxcbs.com　　E-mail：qxcbs@cma.gov.cn
责任编辑：宿晓凤　邵　华　　终　　审：吴晓鹏
责任校对：张硕杰　　责任技编：赵相宁
封面设计：郝　爽
印　　刷：北京地大彩印有限公司
开　　本：889 mm × 1194 mm　1/16　　印　　张：9
字　　数：160 千字
版　　次：2021 年 12 月第 1 版　　印　　次：2021 年 12 月第 1 次印刷
定　　价：128.00 元

《中国的世界百年气象站（三）》编委会

序

气象观测信息和基础资料是国家经济建设、社会建设、文化建设、政治建设和生态文明建设的重要基础性资源，也是气象业务服务和科学研究的基础性资源。只有确保气象观测信息的代表性、准确性、连续性和可比较性，才能为气象资料积累提供基础性保障，而保证气象设施可以长期持续观测则是实现这些目标的关键所在，气象台站便是重要的气象设施。

世界气象组织认为，保护包括百年气象站在内的长期观测站是政府责任。因此，世界气象组织建立了一套包括 9 项强制标准的百年气象台站的认定机制，用来突出长期历史序列气象站的作用，肯定会员在维持站点长期运行方面所做的贡献。2013 年 5 月，世界气象组织执行理事会第 65 次届会提出，建立认定百年气象台站的机制。在各方的努力下，2016 年 6 月，世界气象组织执行理事会第 68 次届会通过了世界气象组织认定长期观测台站的机制。

2020 年 9 月 30 日，世界气象组织执行理事会第 72 次届会通过决议，中国申报的北京、芜湖、青岛、南京、齐齐哈尔和澳门大潭山 6 个气象站被认定为最新一批世界气象组织百年气象站。一百多年来，这些气象站坚持气象观测、积累基础数据，是全球气候与生态的忠实记录者；这些气象站能够全面、系统地获取气候系统各组成部分及其相互作用和反馈过程的综合信息，是理解和认识气候系统及其变化的基础；这些气象站见证了中国近现代气象事业发展的历史、文明与科学的进步，是不可替代的人类文化与科学遗产。

百年气象站的认定工作是当下和未来的长期高质量气象记录的需要，对长期运行的气象台站的探测环境保护、历史人文传承等具有积极意义。

中国气象局积极履行保护长期运行的气象台站的责任，始终致力于保护气象台站的探测环境，充分发挥其在应对气候变化工作中的基础性支撑作用。2017 年，中国气象局发布《中国百年气象站认定办法》，提出获得认定的气象站将被列入中国气象站重点保护名录并公布，得到地方政府保护承诺，确保能够长期开展气象观测、积累气候资料。2020 年，中国气象局深入贯彻落实党中央、国务院关于生态文明建设和应对气候变化的决策部署要求，科学谋划“十四五”期间国家气候观象台建设发展任务，围绕地球系统综合观测站、研究型业务平台、生态与气候服务平台、国内外开放合作平台和人才培养平台的“一站四平台”功能定位，不断提升地球气候系统综合观测能力。

当我们回顾这些气象台站的世纪沧桑，可以更加真切地感受到长期气象观测的艰难与重要，共同坚定保护气象设施和气象探测环境的决心，为延续源远流长的中国气象观测历史做出我们的当代贡献，为完善全球气象观测资料做出我们的中国贡献，为实现“碳达峰、碳中和”目标贡献属于中国气象事业的智慧和力量！

中国气象局局长

世界气象组织中国常任代表

2021 年 11 月

目录

第一章 北京国家基本气象站

2020 年，北京国家基本气象站以近 300 年（1724—2020 年）的观测记录，成为目前全世界观测历史最长的百年气象站。从明清时期的钦天监，民国时期的中央观象台、北平测候所、北平气象台、华北观象台、华北气象台……一直到现如今的北京国家基本气象站，气象站的每一次变迁，都有其背后的故事，每一次蜕变，都留有历史的印记。斗转星移，风霜雨雪，这座历久弥坚的百年老站为后人留下了具有科学研究价值的宝贵观测资料。

第一节
百年观测的开端

（一）北京国家基本气象站前身

北京国家基本气象站的前身是位于今北京市东城区建国门立交桥西南侧的北京古观象台。北京古观象台始建于明代正统七年（公元 1442 年），已有近 600 年的历史，是世界上古老的天文台之一。它以建筑整齐配套、仪器保存完好、历史悠久而闻名于世，于 1982 年 2 月被国务院定为全国重点文物保护单位。

北京古观象台在明清时期的机构名称为钦天监，钦天监是明代的天文历法机构，内设天文、漏刻、大统历、回回历四科。清代钦天监始设于顺治元年（1644 年），基本承袭明代机构设置，保留天文、漏刻二科，改回回历科为回回科，增设时宪科，负责观象、候时、择地、编制时宪历书，以及推算日月交食等工作。据《大清会典》记载："钦天监掌观天象，设观象台于京城东南隅，凡晴雨风云雷霓晕珥流星异星皆察而记之。晴明风雨按日记注，汇录于册，为《晴明风雨录》。缮写满、汉文各一本，于次年二月初一日恭进。"文中，观象台即北京古观象台。

始建于明代正统年间的北京古观象台

1956 年，经过修缮的北京古观象台以“北京古代天文仪器陈列馆”之名对外开放，图为开放前夕的北京古观象台

（二）钦天监开展的气象观测工作

从中国第一历史档案馆和北京天文馆古观象台合编的《清代天文档案史料汇编》一书中发现，清代钦天监保存下来的气象档案史料数量并不亚于天文档案史料。可见，气象观测是钦天监观象工作的重要组成部分。从现存清代钦天监的气象档案记录来看，整个清代，钦天监的气象观测流程和记录奏报制度没有发生本质上的改变。根据这些保存下来的气象档案记录可知，清代钦天监的气象工作大体分为两个方面：日常气象观测和特定气象观测。

1. 钦天监的日常气象观测

钦天监的日常气象观测工作主要是观测晴、雨、雪、风、云，现存的观测资料有《晴雨录》《雨雪分寸》《观象台风呈》，北京地区的《晴雨录》和《雨雪分寸》相对比较完整，很多学者通过这些资料重建历史数据，进行气候变化研究。

（1）《晴雨录》

钦天监观象人员按照子、丑、寅、卯、辰、巳、午、未、申、酉、戌、亥 12 个时辰，详细观测、记录每日雨、雪现象的起讫时间，并将雨、雪分为大、小、细、微等量级，这种逐日记载晴雨天气现象的表册便称为《晴明风雨录》，即通常所说的《晴雨录》。

从《晴雨录》的记载来看，清钦天监对每日晴雨天气的起讫时间记载比较详细，对晴雨天气的定量记载较粗略。目前，为学界熟知的清钦天监《晴雨录》起于雍正二年（1724 年），止于光绪二十九年（1903 年），但中间缺少 6 年的记载，实际共有 174 年。国家气候中心气候变化研究首席专家张德二曾评价说：“史书中的降水记载，

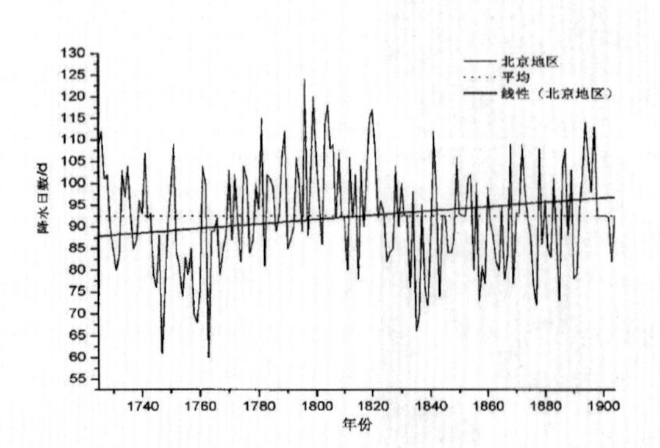

1725—1904 年，北京地区年降水日数变化重建

五月小　晴十一日　雨十八日
初一日　癸卯　未时微雨即止　申时微雨至戌时止
子时微雨即止
初二日　甲辰　丑时微雨至辰时止
初三日　乙巳　申时微雨至酉时止
初四日　丙午　晴
初五日　丁未　申时微雨即止　戌时微雨即止
初六日　戊申　子时微雨至丑时止
初七日　己酉　卯时微雨至午时止

雍正二年（1724）五月，北京《晴雨录》部分

几千年未曾中断。但雨雪记载的详略因史书不同而有差别。最具科学价值的是钦天监和各地方上报朝廷的《晴雨录》，这是有组织的、连续的天气记录。”可见，作为历史资料，《晴雨录》具有重要的科学研究价值。1949 年以后，我国的水利和气象部门依据这些《晴雨录》，编写出《京、津五百年旱涝历史资料》《北京气候资料》等气象资料，为研究和预测气候变化提供了宝贵的历史资料。后来，历史气候学界便根据这些《晴雨录》，对清代北京地区的降水序列和气温变化进行了重建和复原。

实际上，在雍正之前，清钦天监已开始观测记录北京地区的晴雨天气。目前，中国第一历史档案馆和国家图书馆仍然保存着康熙年间一些零散的钦天监《晴雨录》。除此之外，康熙朝奏折档案中也大量记录了当时北京地区的晴明风雨情形，尤其是皇三子胤祉和康熙末年步军统领隆科多的奏折。这些奏折中有关北京地区晴雨天气的信息描述极为细致，与清钦天监《晴雨录》极为相似，因此，奏折中的天气信息极有可能是来自清钦天监《晴雨录》。

（2）《雨雪分寸》

清代乾隆元年（1736 年）至宣统三年（1911 年），朝廷要求全国范围内对每次降水过程的入渗深度或积雪厚度进行观测记录，并以清代的“寸”与“分”作为计量单位，故称“雨雪分寸”。雨雪分寸分为雨分寸和雪分寸，并有不同的观测规范要求。雨分寸观测方法是在发生一次降雨过程之后，选择一块地势较为平坦的农田向下掘土，当看到

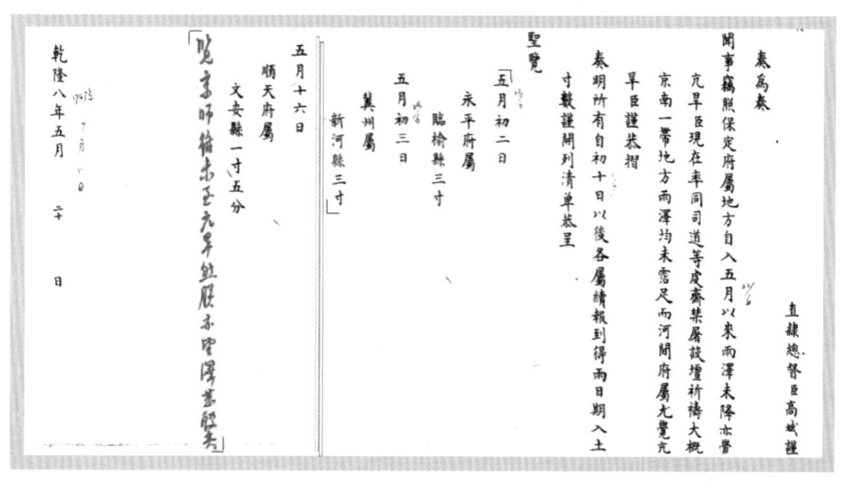
直隸總督臣高斌謹
奏爲奏
聞事竊照保定府屬地方自入五月以來雨澤未降亦曾
亢旱臣現在率同司道等虔齋禁屠設壇祈禱大概
京南一帶地方雨澤均未霑足而河間府屬尤覺亢
旱臣謹恭摺
奏明所有自初十日以後各屬續報到得雨日期入土
寸數謹開列清單恭呈
聖覽
五月初二日
永平府屬
臨榆縣三寸
五月初三日
冀州屬
新河縣三寸
五月十六日
順天府屬
文安縣一寸五分
[illegible]
乾隆八年五月二十日

乾隆八年（1743 年）五月的雨雪“专报”奏折

有明显的干湿交界层时停止，测量此时的深度，即为雨分寸。雪分寸的观测方法是直接测量发生一次降雪过程之后的积雪厚度，与现代气象观测中的测量方式相同。

为观测雨雪，朝廷统一建立了系统的、连续的气候观测网，《雨雪分寸》中记载全国观测站点有 270 多个，北京地区涉及除观象台外的昌平、顺义、怀柔、密云、房山 5 个区县。其中观象台级别较高，为国家级站，其他区县为次一级站点。与康熙朝相比，乾隆朝诸如雨雪“专报”的奏折，其数量大大增加，占到相关奏折的一半左右。雨雪分寸的奏报单位未见统一规定，有的以县为单位，有的以府或州为单位，还有的以省区或私人名义呈报。奏报的详细程度和频繁次数，随年代的不同而有所差异。

《雨雪分寸》是清代保存下来的相对完整的数据资料之一，中国科学院地理所保存有其完整的手抄本，对其也进行了研究，根据数据资料的重建，对北京 1724—1911 年降水资料进行了定量转换、分析，建立了以季为单位的降水数据集。

（3）《观象台风呈》

1946 年，历史学家方豪先生在北平北堂图书馆读书时，偶然发现了 4 份清嘉庆朝钦天监的《观象台风呈》，分别记录着嘉庆十九年十月十一日（1814 年 11 月 22 日）、嘉庆十九年十二月十一日（1815

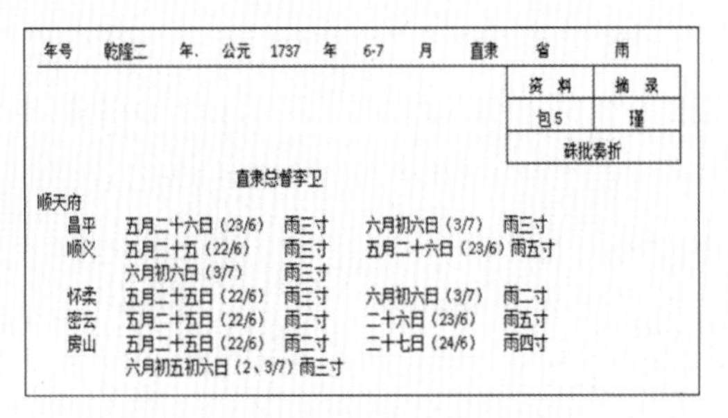
年号　乾隆二　年.　公元　1737　年　6-7　月　直隶　省　雨

资料	摘录
包5	瑾
硃批奏折	

直隶总督李卫

顺天府

昌平	五月二十六日（23/6）	雨三寸	六月初六日（3/7）	雨三寸
顺义	五月二十五（22/6）	雨三寸	五月二十六日（23/6）	雨五寸
	六月初六日（3/7）	雨三寸		
怀柔	五月二十五日（22/6）	雨三寸	六月初六日（3/7）	雨二寸
密云	五月二十五日（22/6）	雨二寸	二十六日（23/6）	雨五寸
房山	五月二十五日（22/6）	雨二寸	二十七日（24/6）	雨四寸
	六月初五初六日（2、3/7）	雨三寸		

北京地区 5 个区县的雨雪观测站点

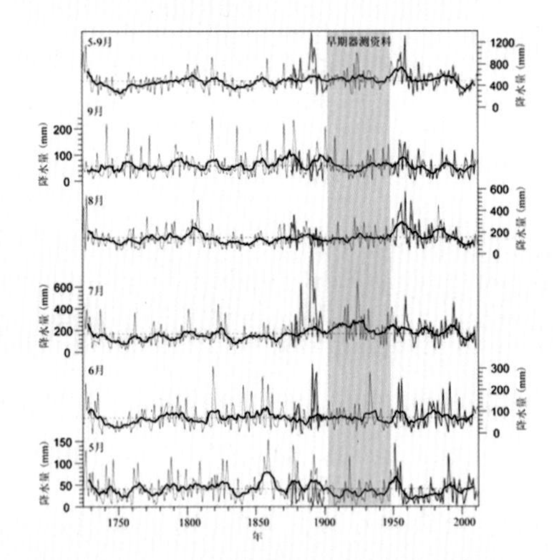

根据《雨雪分寸》资料重建的降水数据集

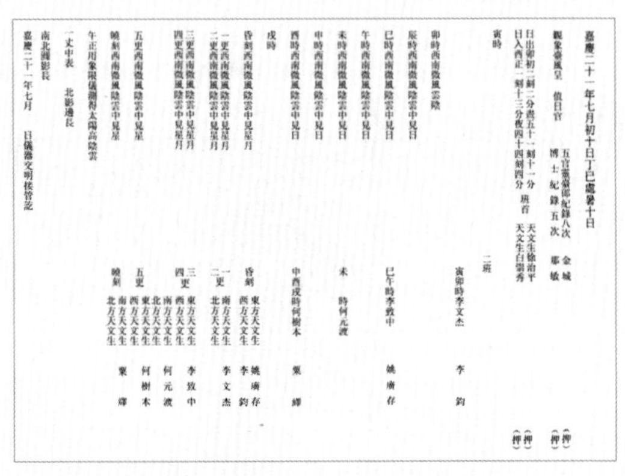
嘉慶二十一年七月初十日丁巳處暑十日
觀象臺風呈　值日官　五官靈臺郎紀錄八次　金城
博士紀錄五次　鄂敏
日出卯初二刻二分晝五十一刻十一分　班首　天文生徐治平
日入酉正一刻十三分夜四十四刻四分　天文生白儒秀
寅時　二班
卯時西南微風雲陰　寅卯時李文杰　李鈞
辰時西南微風陰雲中見日
巳時西南微風陰雲中見日　巳午時李致中　姚廣存
午時西南微風陰雲中見日
未時西南微風陰雲中見日　未　時何元渡
申時西南微風陰雲中見日
酉時西南微風陰雲中見日　申酉戌時何樹本　粟鏵
戌時
昏刻西南微風陰雲中見星月　昏刻　東方天文生　姚廣存　西方天文生　李鈞
一更西南微風陰雲中見星月　一更　南方天文生　李文杰
二更西南微風陰雲中見星月　二更　北方天文生
三更西南微風陰雲中見星月　三更　東方天文生　李致中　西方天文生
四更西南微風陰雲中見星月　四更　南方天文生　何元渡　北方天文生
五更西南微風陰雲中見星　五更　東方天文生　西方天文生　何樹本
曉刻西南微風陰雲中見星　曉刻　南方天文生　北方天文生　粟鏵
午正用象限儀測得太陽高陰雲
一丈中表　北影邊長
南北圓影長
嘉慶二十一年七月　日儀器文明樣管記
（押）（押）（押）（押）

嘉庆二十一年七月初十（1816 年 9 月 1 日）的《观象台风呈》

年1月20日）、嘉庆二十一年二月初七（1816年3月5日）、嘉庆二十一年七月初十（1816年9月1日）的风、云天气，其中第四份观测记录最为详细。《观象台风呈》系木刻印成的红色表格，表中“嘉庆”“年”“月”“日”“观象台风呈”“值日官”“日出”“刻”“分”“昼”“夜”“班”“首”及各时、各更，并“午正用象限仪测得太阳高”“一丈中表”“北影边长”“南北圆影长”，以及表末的“嘉庆”“年”“月”“日”“仪器交明接管讫”等字均系刻成者，其余皆为毛笔填写。从仅存的四份《观象台风呈》来看，清钦天监按时辰、更次对北京地区每日的风情进行详细观测与记录，每日形成一份《观象台风呈》表册。

2. 钦天监的特定气象观测

清钦天监在开展日常气象观测的同时，还进行特定气象观测，主要包括两个方面：一是针对特定时节进行观测，即每年正旦及八节的风向观测和每年的初雷观测；二是针对特定对象进行观测，包括沙尘、雾、霾、晕等不定期发生的异常天气现象。特定气象观测需要根据《观象玩占》《钦定天文正义》等占书得出预示吉凶祸福的占卜结果，即占语，并及时向帝王上奏题本。

（1）正旦、八节占风

风，被古人视为上天兆示人世吉凶的途径之一，具有星占学意义。中国古代历来有正旦、八节占风的传统。正旦即正月初一，早在汉代就有正旦占卜气候以兆年成的风俗。八节指的是二十四节气中八个主要节气，即立春、春分、立夏、夏至、立秋、秋分、立冬、冬至。古人认为，此八节的盛行风向各占约45天，风向依次按8个方位，即北（坎）、东北（艮）、东（震）、东南（巽）、南（离）、西南（坤）、西（兑）、西北（乾），顺时针方向作相应转变。中国位于东亚季风区，全年盛行风向按季节作顺时针方向转变，但不能将这种变化绝对化。《史记·天官书》记载的“魏鲜集腊明正月旦决八风”之法，正是以正月朔旦候八风来占卜一年的年景。

（2）观测初雷

初雷，即每年的第一次雷暴，预示着天气变暖和雷雨季节即将来临。在古代，初雷对农业生产有重要指导作用，例如农谚有“惊蛰一声雷，农家春耕勤”“春雷响，万物长”等。清钦天监对每年北京地区的初雷观测十分重视，每年将观测到的初雷发生的时间、伴随天气、方位、雷声次数、声音状态，以及占语等内容列于初雷观候题本，上奏帝王。

（3）观测异常天气现象

沙尘、雾、霾、晕等不定期发生的天气现象属于清钦天监观测范围中的异常天象，被认为是上天的警示。清嘉庆二十三年四月初八（1818 年 5 月 12 日），京城一带出现暴风，嘉庆帝以为是上天的警示。钦天监详查后发现，这次“暴风骤至，尘土晦蒙”的天气现象与《钦定天文正义》中记载的风霾之象相同：“天地四方昏濛，若下尘雨，不沾衣而土，名曰霾，故曰天地霾，君臣乖，大旱，又为米贵等语。”钦天监一般在异常天气现象发生的当日或次日便将观测记录和占语上奏帝王。

（三）外国传教士在中国开展的气象观测工作

1. 比利时传教士最早把西方气象仪器传入中国

最早把西方近代气象仪器和观测方法传入中国的是比利时的南怀仁神父，他于清顺治十五年（1658 年）来到澳门，次年进入内地（大陆）传教，1660 年奉召进京纂修历法。当年，他在呈献给顺治皇帝的贡品中，就有西方早期的温度计和湿度计。清康熙八年（1669 年），南怀仁担任钦天监监副，次年受康熙之命改建北京古观象台。期间，他制造了包括“验燥湿器”（湿度计）和“验冷热器”（温度计）等天文气象仪器，并在其撰写的《灵台仪象志》中详细介绍了温度计、湿度计的制作、使用和校验的方法。

南怀仁

2. 法国传教士最早在北京开展仪器观测

现存气象观测记录表明，最早在中国用仪器进行气象观测的外国传教士是法国的哥比神父（中国名：宋君荣）。清乾隆八年（1743 年）春、夏季，华北地区干旱炎热，特别是 7 月 13—25 日，出现异常酷热的高温天气。哥比神父使用法国科学家拉谋制作的酒精温度表（0° 为冰点，80° 为最高读数）在其寓所进行气温观测，并特别记录下了所做的几组气温观测数据：20 日和 21 日下午 3 点半，拉氏温度为 33¼……25 日为

35½，达到了温度极高点。25 日晚到 26 日晚间，刮东北风并下了雨，26 日温度是 25½……此后，他仍断断续续地进行气象观测，从 1743 年 7 月至 1746 年 3 月，留下了大约 250 组北京的气温观测记录。张德二研究员 1998 年在布鲁塞尔比利时皇家科学院工作期间，曾在布鲁塞尔的皇家图书馆找到了哥比神父 1743 年 7 月至 1746 年 3 月的逐日温度记录和 1757—1762 年的逐日观测资料。这些气温观测数据，可以说是目前所发现的西方传教士在中国最早的气象仪器观测记录，其中，1743 年 7 月的气温观测数据已被用于研究我国历史极端高温事件。张德二研究员研究指出，1743 年夏季，华北地区出现大范围高温酷暑天气，北京的极端日最高气温则出现在 1743 年 7 月 25 日，高达 44.4 ℃，它超过了 20 世纪的两次夏季高温事件（1942 年和 1999 年）的气温极值，以至于可以将之作为出现在工业革命之前 CO_2 较低排放水平时的极端高温实例。

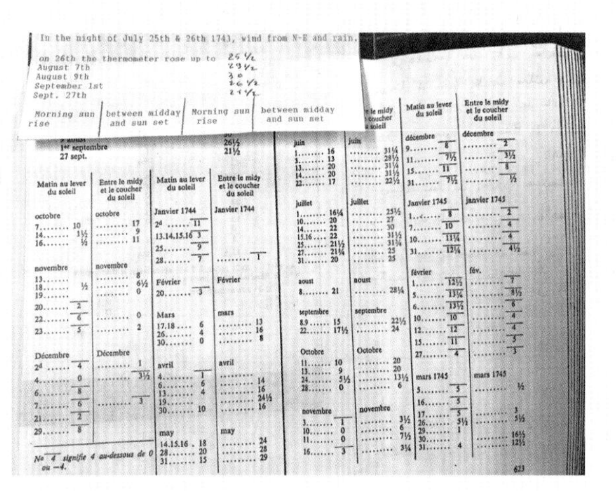

哥比神父的 250 组北京气温观测记录

3. 俄国传教士在中国（北京）创建第一个地磁观象台

继天主教、耶稣会之后，俄国的东正教于 17 世纪末进入中国。清道光二十一年（1841 年），俄国东正教以教堂为据点，在北京开始作系统的气象观测，每天观测 9 次，观测时间分别为 05 时、07 时、09 时、11 时、13 时、15 时、17 时、19 时、21 时，观测项目有气压、气温、绝对湿度、比湿、风向、降雨（雪）量、天空状况等，这是中国近代最早正式、连续进行气象仪器观测的起始记录。1849 年，俄国东正教在奉献节教堂附近正式建立地磁观象台，其气象观测场则正式迁入新台址（东经 116° 29′，北纬 39° 57′，海拔高度 37.5 米）。

北京地磁观象台是外国教会组织在中国创建的第一个观象台，也是在中国最早使用近代气象仪器连续进行观测的气象台站，其观测记录从 1841 年开始，断断续续一直延续到 1914 年 12 月。

第二节
中国气象科学事业的起点

明清时期，气象逐步从天文历法中分离出来，开始有雨、雪、风、晴等简单的天气观测，保存下来的《晴雨录》《雨雪分寸》即可证明，但整体比较零散，没有系统、完整地进行观测。

1912 年，中华民国成立后，南京临时政府正式成立气象机构开展观测，形成了现代气象观测体系雏形。该时期制定了地面观测规范，绘制了第一张天气预报图进行预报初试，拟定《扩充全国测候所意见书》，对全国气象观测站网进行规划，培养了中国第一批气象人才——每一项工作都具有重大意义，为中国气象科学事业的发展奠定了基础。

（一）第一个自办气象台——中央观象台

1912 年，新成立的中华民国南京临时政府接管了位于北京建国门立交桥西南侧的北京古观象台，改建为中央观象台，隶属于教育部。中央观象台设立天文、历数、气象和磁力四个科，是该时期最具权威的官方气象机构。

1. 中央观象台气象科

中央观象台首任台长由中国著名天文学家高鲁担任。高鲁早年就读于福建马江船政学堂，1905 年去比利时布鲁塞尔大学留学，获该校工科博士学位。高鲁上任后，参照当时欧洲天文和气象研究机构的体制和经验，对原钦天监大刀阔斧地进行改革，提出筹建大型现代化天文台的规划。1913 年，高鲁赴日本考察讲学，回国后，致力于北京观象台的筹建工作，正确测定北京经纬度，以中央观象台名义颁发国际通用按月份排定历书，为中国现代天文气象研究奠定基础。

高鲁任职中央观象台期间，致力于气象工作的开拓，设立气象科，蒋丙然为气象科第一任科长。气象科致力于气象观测工作；举办气象训练班，培养气象观测人员；刊行《气象月刊》，宣传气象知识。

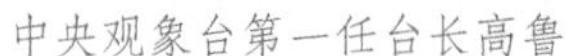

中央观象台第一任台长高鲁

气象科第一任科长蒋丙然

起初，气象科的气象观测工作比较艰巨，当时清政府这个机构遗留下来的气象仪器极少，只有一个空盒气压表和最高、最低温度表等仪器。为了开展业务，气象科一方面自己设计制造雨量计和百叶箱，一方面向国外购买气象仪器。简单的观测场建成以后，便开始了观测，由蒋丙然亲自担任观测员，开始每日观测 3 次，主要是温度、气压、湿度的观测。1914 年，向国外购买仪器后，改为每日观测 4 次，观测项目已扩充到气压、温度、湿度、风、雨量、云类、最高最低温度、地温等项目。观测设备不断充实后，气象科于 1915 年制定观测规定（最初的观测规范），确定 24 小时观测制度，由 6 人轮流担任，观测工作开始走上规范化、正规化的轨道。

1921 年中央观象台重新修缮，观测场内设温度表亭、蒸发计亭、雨量计、测云杆、测云镜、太阳热力计、地面及地下 30 厘米、60 厘米、100 厘米温度表；观测场道路西侧设气象仪器室，放有各式气压计；观象台南城墙设置 25 米、50 米、100 米测雾板，观测项目进一步充实。1928 年，中央观象台改组，设天文陈列馆和北平测候所。1930 年 7 月，北平测候所改称“北平气象台”，先后开展过地面、高空风观测和北平地区短期天气预报工作。

同时期校园气象也开始发展起来，比较著名的是位于清华园内的清华大学气象台（东经 116° 21′，北纬 40° 00′，海拔高度 84.5 米）。该气象台以建设具有最新式仪器设备和最高级的标准气象台为目标，分别从英、德、法、美等国家订购了大宗气象仪器。可以说，清华大学气象台所配置的观测仪器及有关设备，在当时国内是最为先进、齐全的。清华大学气象台于1932年3月正式开始观测，止于1936年10月，每天观测6次（06时、09时、12时、15时、18时、21时），观测项目有气压、温度、湿度、风向风速、云状云量、云速、能见度、雨量、日照、天气现象等，其中，气压、温度、湿度、风有24小时自记记录，并将观测记录编印成《气象季刊》，供社会使用。

1937年“七七事变”后，日本占领北平，成立伪华北政务委员会，1939年12月，在西直门外万牲园内（今北京动物园）建立华北观象台。华北观象台下设总务、气象、管理、历书四个科，于1940年1月正式开始气象观测，每日观测6次，其观测记录“华北气象月报表”现存于中国气象局档案馆。1945年8月，国民政府中央气象局接收华北观象台，改称“华北气象台”。

2. 天气预报工作初试

为更好地开展气象服务工作，中央观象台开始尝试绘制天气图并准备试做天气预报。绘制天气图需要各地乃至全球较广泛的气象资料，要获取这些资料必须通过气象电报来传递。几经努力，争得了税务署、电报局及上海徐家汇观象台等各方的支持，并于1919年在电报局设立分机，直接用于接收气象数据电报，获得了国内几处及国外东京、长崎、贝加尔湖、马尼拉、关岛等重要观测站共16处的气象资料，每天两次免费以急电拍发至中央观象台。在此基础上，开始制作天气预报。1916年开始正式以天气图的方法做预报，并每日两次对外公布。第一次在白天，每日9时在台内悬挂信号旗，旗底为蓝色，预报风向和天气，风向在旗杆上用北、东北、东、东南、南、西南、西、西北8个方位标记，天气分阴、晴、雨、雪、雾等，均用符号表示。另一次在晚间，由北京各报馆向社会公布。用天气图方法预报天气，这是我国气象预报工作的一大革新，成为国内开展预报的先例，是中国气象预报历史发展的一座里程碑。鸦片战争后，国内大多数近代气象设施被外国入侵者操纵，而我国自办的气象事业，正是从中央观象台气象科成立开始的，这是我国气象发展史上的一个转折，是我国气象科学事业的起点。

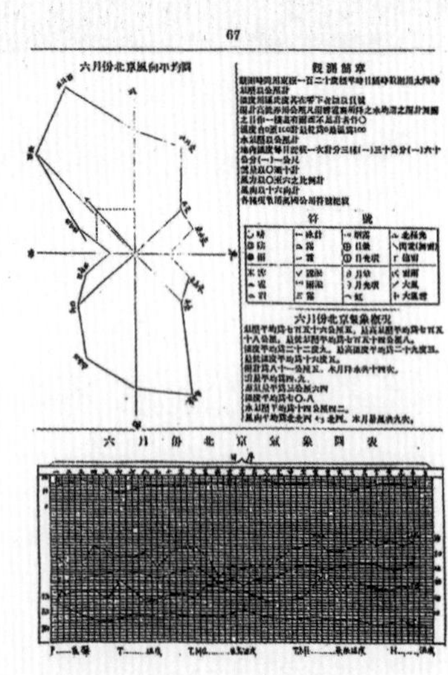

中央观象台观测记录

（二）中央观象台引领全国气象事业发展

1. 全国气象规划

气象台站的建设，是开展近代气象事业的基础，它关系到农林、水利、军事、交通的发展，也影响着天气预报和气象学术研究水平的提高。中央观象台成立不久，便开始在台内开展观测工作。1914 年，北洋政府农商部由于农林方面需求，曾通令各省农业机关设立气象测候分所 26 处，但未经一年，因经费困难，多被迫停办，最后北京只剩下三贝子花园（今北京动物园）、北京农专两处。1920 年，为了促进国内气象事业发展，中央观象台拟订了《扩充全国测候所意见书》，提出了在全国扩充测候所的三个理由。其一，根据 1918 年国际航空条约规定，各签字国有义务征集并传布一切统计上或通常或特别的气象见闻。我国是签字国之一，对国际气象传递有义不容辞的责任。其二，在台站建设方面，若自行放弃，由外人自行设立，则与我国主权有关，因此，我国应当加速发展气象事业。其三，我国航空、农、商、工诸社会事业与气象的关系密切，扩充测候所非常必要。

基于中央观象台的合理要求，1921 年，北洋政府内阁会议通过了该计划，这给气象工作者以暂时宽慰。根据原计划，全国应设立 40 个测候所，但需要军阀政府真正批复经费的时候，仅通过了兰州、邢台、张北、西安、开封、乌鲁木齐、贵阳、昆明、银川、拉萨 10 个测候所的预算，而且实际上仅建成了 3 个。气象工作者虽以满腔热忱，屡次努力，希望把祖国气象事业建设起来，但由于这一时期军阀混战，经济枯竭，扩充全国测候所的希望如昙花一现，最终破灭了。

2. 中国最早的气象人才摇篮

国内的气象教育培训最早当始于 1913 年中央观象台气象科正式成立之后。蒋丙然先生在其自传中提及“因就观象台人员中遴选对气象工作有兴趣而诚实可靠者二人，加以训练”。中央观象台先后培养了林展庵、陈德滋、杨寿龄、夏震龙、陈开源、刘治华等我国近代早期气象人才。为满足全国测候所对观测人员的需求，1921 年，中央观象台开设第一期气象训练班，训练期限为 3 个月，教授以气象为主，兼天文、地震、文牍等学科，气象理论知识与观测绘图等实践工作并重。第一期气象训练班 30 多人，结业后除数人留在中央观象台各科外，大都分配到全国各地测候所，其中，航空署选派的 10 名学生分配到北京南苑、天津、济南、南京等处设立的航空测候所。1923 年，中央观象台开设了第二期气象训练班，所有课程与第一期相同，学成毕业人数十余人，为全国各地测候所补充了观测人员。

3. 筹建中国气象学会

中央观象台台长高鲁及科长蒋丙然，与竺可桢等气象界人士，为谋求气象学术的进步和测候事业的发展，发起组织筹建中国气象学会。1924 年 10 月 10 日，在青岛召开成立大会，到会的有 16 人。会议决定学会会址设在青岛，每年出一期会刊；推选张謇、高恩洪、高鲁为名誉会长，蒋丙然为会长，彭济群为副会长，竺可桢等六人为理事；讨论并通过了《中国气象学会章程》。

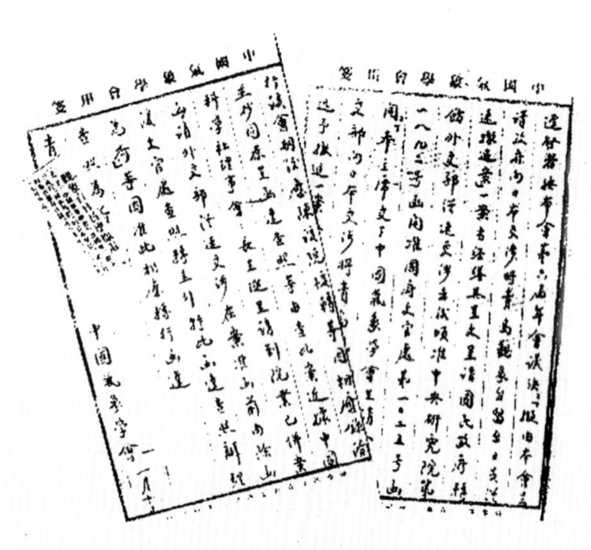

中国气象学会成立时订立的章程照片

《中国气象学会会刊》创刊第一期

第三节
首都气象事业恢复调整阶段

（一）沿革恢复调整

新中国成立后，1949 年 12 月 8 日，中央人民政府革命军事委员会气象局（简称“军委气象局”）在北京宣告成立，新中国气象事业诞生。1950 年 3 月 1 日，军委气象局直属的中央气象台在西郊公园（今北京动物园）成立，沿用旧观测场址，兼负北京地区地面观测和高空观测及天气预报业务。1951 年，增加北京高空气压、温度、湿度的观测，成为北京市的基本气象观测站。之后，由于机构变动，加之“文化大革命”等原因，气象台观测场址几经变迁：1953 年 6 月，由西郊公园向北迁移 800 米至西郊五塔寺 7 号，持续至 1968 年 12 月，观测时间近 15 年，期间，1965—1968 年，在大兴县东黑垡气象站同时开展地面气象观测；1969 年 1 月，迁至西郊板井彰化村，持续至 1970 年 6 月，观测时间最短，仅 1 年半；1970 年 7 月，迁至南郊大兴县旧宫东，

中央气象台西郊公园（今动物园）旧址
（20 世纪 90 年代初拆除）

气象人员绘制天气图、编报

持续至 1980 年底，期间，1972—1979 年，在西郊五塔寺 7 号同时开展观测工作。至此，高空、太阳辐射观测均与地面观测设在同一地点。

（二）圆满完成开国大典天气预报服务

在新中国成立前期，气象业务还处于恢复调整阶段，天气预报仍以天气图为主要工具，条件艰苦，但为开国大典这一举世瞩目的神圣时刻提供天气预报服务，其重要性不言而喻。

承担这一工作的便是当时只有 24 岁的章淹。1947 年，章淹从清华大学气象系毕业，进入华北观象台工作。1949 年 1 月 29 日，北平和平解放，华北观象台被中国人民解放军华北航空处通信科接收。章淹成了一名新中国气象预报员，她承担的第一项重大任务就是为 1949 年 10 月 1 日的开国大典做天气预报。当时她做预报员才一年多，经验有些不足，听说要为开国大典做天气预报，那种带着一点儿慌乱的紧张感她始终难以忘怀。

预报员章淹

当年，进行短期天气预报都是以天气图为主要工具，而天气图的整个制作流程全为手工操作。章淹本人回忆："那时候条件差得很。华北观象台（今中央气象台）每天就画两张图，一张地面天气图，一张根据地面资料反推出来的 3000 米高空天气图。而且高空天气图是根据一个理想气压推算出来的，数据并不是很准确。"那时，章淹和其他同事都刚到北京不久，对这里的天气气候并不了解。于是，章淹和她的几个同学一起翻译了一本国外的预报方法书籍，以此作为自己做预报的理论指导。那个年代的天气会商是通过一块小黑板完成的，章淹和她的同事把各自的预报意见写在小黑板上，得到基本一致的意见后，给报社打电话，将文字内容读给编辑，由报社在晚报上刊载。报纸给予天气预报的版面仅仅是个不起眼的角落，刊载内容也仅为"晴""雨""昙[①]""风"等简单的字眼。

① 章淹曾在访谈中提及，当时很多读者打电话来问什么叫昙天？"昙"字由"日"字和"云"字组成，日头下面有云，表示白天里天空布满了云或者太阳被云朵遮挡。后来预报中便改成了多云、少云。

1949 年，接到开国大典天气预报任务的瞬间，华北观象台一片沸腾，几个预报员甚至为此连续兴奋了好几天，这里面当然包括年轻的章淹，因为开国大典当天正好轮到她值班。

起初，一些本地观测员说这个时节北京秋高气爽，很少下雨，但也有一些人说可能会有秋雨。因为实在拿不准，章淹和同事想查阅一些资料，看看北京秋季的历史天气究竟如何。当时华北观象台可供使用的气象资料很少，几乎找不到什么有价值的参考。焦急之中，章淹想起自己在西南联合大学读书时，见过清华大学气象系有一套很厚的《世界历史天气图》资料，于是便和同事商量去清华大学查阅。“好在最后找到了这套书，书里的资料给我们做开国大典天气预报帮了大忙。”章淹一页一页地翻书，一张一张地查图，逐片逐个地分析天气系统，几乎查遍了所有与北京有关的天气资料……章淹和同事发现，10 月初的北京下雨次数并不少，因此需要格外注意。

1949 年 9 月 30 日，当拿到绘制好的地面天气图时，章淹和同事开展了一次缜密仔细的天气会商，经过一次又一次地反复校验，他们给出了第二天的预报结论：晴转阴云相间，风向偏东，风力弱，能见度 4000 米。章淹在预报天气图上签下了自己的名字，一夜辗转难眠……

开国大典当天 9 时，天空开始不断有云聚集，中午还落下了些许雨点，下午的天气看起来很不乐观，幸运的是，15 时左右，西北边的天空最先放晴，透出微弱的阳光。不久，一架架飞机腾空而起，轰鸣声、欢呼声响彻云霄。一时间，华北观象台值班室外传来阵阵激动的呼喊声：“快看，飞机来了！飞机来了！”天气没有影响到飞机起飞，空中飞行也没有被云遮挡，聚集在天安门广场的人们都看到了我军自己的飞机。

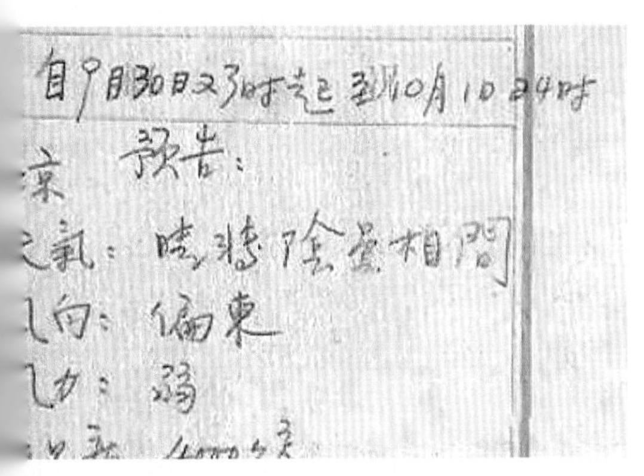

开国大典预报手稿

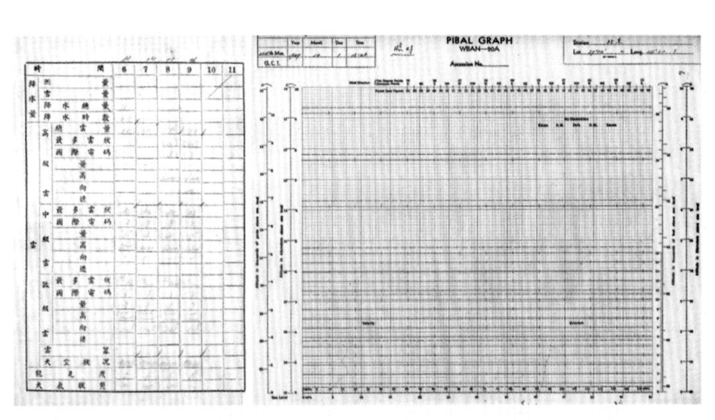

开国大典当天地面观测记录（左）和高空风观测记录（右）

第四节
首都气象事业进入发展快车道

（一）北京古观象台从人工观测走向自动观测

1978 年 9 月，北京古观象台正式归属北京天文馆管辖，鉴于北京古观象台的历史延续，又为区别于已有的北京市观象台，因此继续沿用原来的名称“北京古观象台”。

七星站

1984 年，北京古观象台与北京市气象局达成合作协议，在原观测场上建立古观象台观测站，进行日常气象观测工作，观测项目与观测要求与其他国家基本气象站相同。此项工作共延续 10 年，为累积城市中心气象资料做出了突出贡献。1995 年停止人工观测，在古观象台院内设立自动观测站，继续进行气象观测工作。为体现天文和气象的结合，自动观测站的设备排布采用北斗七星分布特点布局，故称“七星站”。

（二）首都气象事业快速发展

1978 年 6 月，北京市气象局恢复独立建制。1978 年 8 月，北京市气象局观象台正式成立。首都的气象事业开始进入快速发展阶段。

1. 建成大气探测综合试验基地

1981 年 1 月，北京市观象台从南郊大兴县旧宫东迁至海淀区北洼路又一村，持续

中国气象局大气探测综合试验基地建成

至 1996 年底。1997 年 7 月，中国气象局大气探测综合试验基地在大兴县旧宫东落成并投入运行。大气探测试验基地不仅是北京市气象局的观象台，每天为北京地区和全国的天气预报提供基础数据，也成为中国气象局大气综合试验观测基地，开展各种气象观测仪器设施的试验和考核工作。

2. 建成新一代 S 波段多普勒天气雷达站

2006 年 4 月，北京市人民政府和中国气象局联合投资，北京市气象局在大兴区旧宫东建成新一代 S 波段多普勒天气雷达。新一代 S 波段多普勒天气雷达可以监视半径 460 公里范围内台风、暴雨、飑线、冰雹、龙卷等大范围强对流天气，对雹云、龙卷气旋等中小尺度强天气现象的有效监测和识别距离可达 230 公里，可以识别距离雷达 150 公里处雹云中尺度为 2 ～ 3 公里的核区，或判别尺度为 10 公里左右的龙卷气旋，实现 24 小时全天候全覆盖预警监测，为首都天气保驾护航。2006 年 9 月，北京市气象局观象台改称北京市观象台；2007 年 4 月，该天气雷达站正式归属北京市观象台管理。

在 2008 年奥运会开幕式当天，这部雷达发挥了重要作用。从新疆缓慢向华北地区推进的冷空气、久久盘踞在渤海湾的副热带高压系统和刚刚登陆我国东南沿海的强热

北京国家基本气象站新一代S波段多普勒天气雷达

带风暴“北冕”，共同构成了影响我国的三大天气系统，加之北京地区地形复杂、天气多变等客观原因，开幕式期间的天气形势变得异常复杂。北京奥运会开幕式当天 7 时 20 分，在河套地区形成的降雨云系不断加强，并向北京进发，气象部门开始利用北京国家基本气象站雷达严密监测这个云系。根据雷达回波情况，再综合其他监测和预报手段，气象专家判断，开幕式结束前，鸟巢将不会下雨。直到开幕式结束，国家体育场鸟巢滴雨未下，北京国家基本气象站的天气雷达在此次天气监测和预报过程中发挥了重要作用。

截至 2021 年，北京国家基本气象站的天气雷达已连续运行接近 15 个年头，为进一步增强其监测功能，雷达升级为双偏振多普勒雷达，功能更加完备强大，将为工农业生产和人民生活提供更好的气象保障。

3. 地面气象观测引领示范

地面观测业务是每个台站气象观测业务的基础，也是重中之重，北京国家基本气象站作为一个百年老站也不例外，自建站以来，一直注重地面观测业务的发展，并为全国地面业务发展起到引领示范作用。北京国家基本气象站地面观测业务已经全面实现自动化观测，并在全市范围内建成由 500 多个不同级别自动站组成的地面观测网，

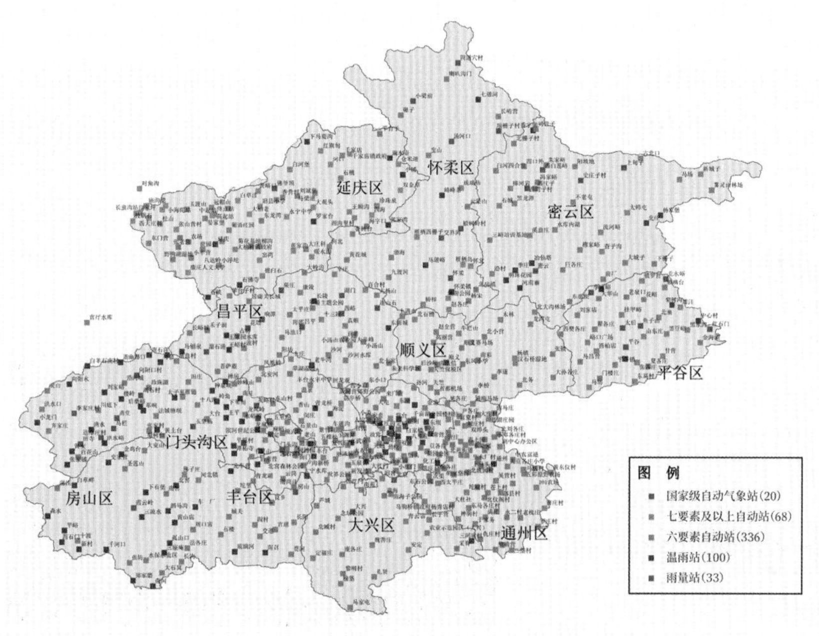

北京自动气象站分布（截至 2020 年 12 月）

自动站密度实现了市区平均间距 3 ～ 5 公里、郊区 6 ～ 8 公里。数据采集传输时效达到分钟级，为气象预报和预警服务提供了高密度、高精度、高时效的数据支撑。

4. 一级辐射站历史传承发展

1947 年 1 月至 1948 年 12 月，使用鲁贝齐式日射自计仪器在西郊公园开展太阳总辐射观测，开创了北京地区器测太阳辐射的新起点。1956 年，根据国际地球物理年开展国际科技合作要求，建立太阳辐射甲级站。1970 年 7 月迁至大兴县旧宫东，1981 年 1 月又迁至海淀区北洼路又一村，观测项目有太阳直接辐射、散射辐射、总辐射、短波反辐射、辐射平衡。1990 年开始使用遥测自计仪器后，观测项目有总辐射、直接辐射、散射辐射、反射辐射、净辐射。观测要素达到了一级辐射站的配置要求。现如今，北京国家基本气象站为国家一级辐射站，设备采用全自动跟踪辐射传感器，跟踪精度和观测数据质量都有很大的提高。

5. 全国新一代高空探测业务的诞生地

1930 年，开创高空测风业务。1946 年开始进行比较系统的高空风观测，每天观测一次高空风向风速。1951—1970 年先后由中央气象台、中央气象局气象科学研究所和本站承担高空探测业务，观测项目为风向、风速、气压、气温、湿度，1970 年以后高空探测业务全部交给本站。1990 年，探测时次确定为三次测风、二次探空，时间为

59-701C 高空气象探测雷达

L 波段二次测风雷达

01 时 15 分、07 时 15 分、19 时 15 分，其中后两个时次为综合探空，一直沿用至今。2002 年 1 月 1 日，我国第一部 L 波段高空气象探测系统在本站正式投入使用，标志着我国高空气象观测体制跨过了一个新的里程碑。从此，探空实现了硬件自动跟踪、软件自动绘图，进入全面自动化时代。

6. 全国首个 X 波段雷达协同观测网建立

为实现超大城市立体观测，北京国家基本气象站在全市范围内投入 X 波段雷达网的建设，在国内率先建成由 9 部 X 波段雷达组成的天气雷达预警网，实现首都上空全覆盖，雷达扫描速度比原有 S 波段雷达提高了一倍，对天气过程响应更及时，给首都气象增添了防灾减灾的利器。目前，在原有 2 部 S 波段双线偏振雷达正常业务运行的情况下，9 部 X 波段双线偏振雷达（全部选用敏视达雷达）也已投入业务运行，同时北京市政府在北京上游天气系统河北地区（怀来和涞源）投资建设 2 部 X 波段天气雷达。北京地区现拥有全国最密集的雷达探测网络，初步建成由多部雷达组成的协同观测网。北京也率先开始开展雷达协同观测技术的研究，走在了全国气象行业的前列。

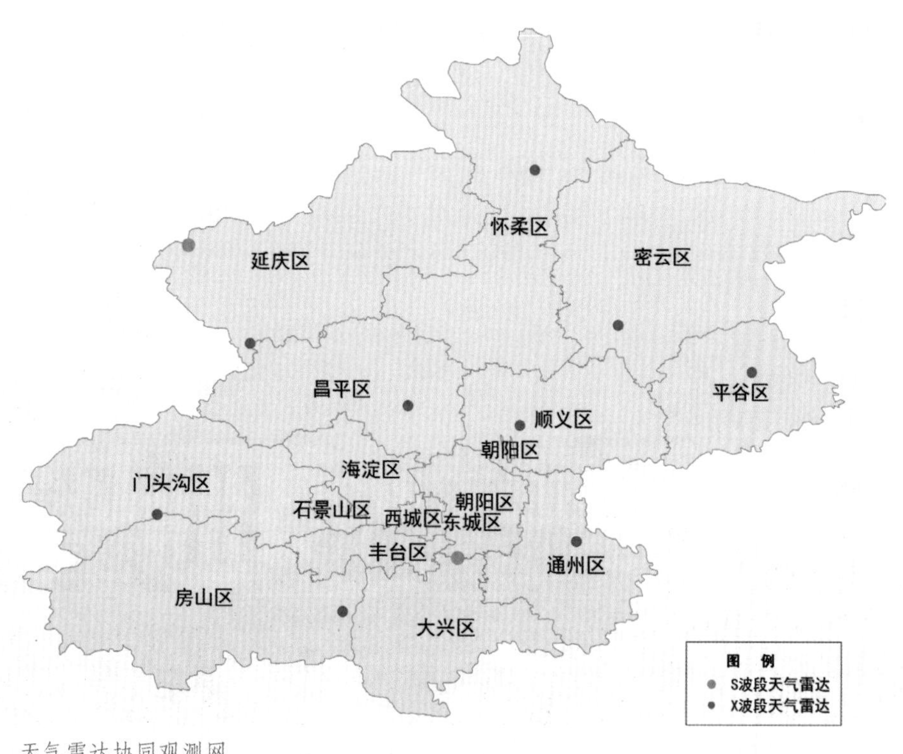

天气雷达协同观测网

7. 保障应急服务先锋号

北京国家基本气象站多次承担首都大型活动的应急保障任务，目前为止圆满完成300余次重大活动现场气象服务应急保障有关任务。在中国人民抗日战争暨世界反法西斯战争胜利70周年纪念活动、中华人民共和国成立70周年庆祝活动、2015年北京国际田联世界田径锦标赛、2014年APEC会议、2017年“一带一路”国际合作高峰论坛、2018年中非合作论坛北京峰会、全国两会、2019年亚洲文明对话大会、2019年中国北京世界园艺博览会等重大活动现场，以及危险化学品应急事故救援实战演练、京津冀冰雪灾害天气交通保障应急联动综合演练、森林防灭火应急演练等演练现场，都有观象台应急团队的身影。

2018年9月30日，向人民英雄敬献花篮仪式现场气象应急保障

8. 职能合并重组打造“新名片”

如今的北京市观象台还有另一个“称呼”——北京市气象探测中心。2017 年 1 月 1 日，北京市观象台和北京市气象探测中心整合工作职能，组建兼具综合探测、装备保障职能的新型气象探测中心——北京市气象探测中心（北京市观象台）。北京市气象探测中心以业务为基础，以科技为支撑，实现观测、探测、保障一体化，打造“观测基地、培训基地、试验基地、科普基地”的综合气象观测与保障体系，为向研究型业务转型和全面推进探测业务深化改革奠定坚实的基础。

9. 建成国家气象科普基地

2020 年 12 月，北京市气象探测中心（北京市观象台）被中国气象局、科学技术部联合认定为首批国家气象科普基地。北京市气象探测中心（北京市观象台）开展科普工作起步较早，科普资源较为完备。目前，室内有 750 平方米的科普专用区，包括 250 平方米的 4D 多媒体影院，300 平方米的气象科普馆，200 平方米的专用教学教室；室外有 3000 平方米的科普专用区域，包括 1000 平方米的科普专用观测场，2000 平方米的科普专用展区；拥有一支专业的科普团队，研发的气象特色课程“小小观测员”被中国人生科学学会素质教育专业委员会评为“AAA”级研学实践教育特色课程；专门设立“科普培训科”支撑科普工作。作为科普基地，多次承办“3・23”世界气象日、“5・12”全国防灾减灾日、全国科普日等重大科普活动。

国家气象科普基地授牌

10. 为北京 2022 年冬奥会蓄力

北京市气象探测中心（北京市观象台）在冬奥会赛道关键区域布设了梯度气象观测系统；根据不同赛事项

冬奥会赛区梯度气象观测系统

目对气象服务的具体需求，升级改造了延庆周边及城区自动气象站，全面提升气象要素冬季监测能力；在延庆赛区周边初步搭建了垂直观测站网，观测设备包括微波辐射计、云雷达、风廓线雷达等，实现垂直方向温度、湿度、云、风向、风速等重要气象要素的观测；核心区内海陀山建成新一代S波段双偏振多普勒天气雷达一部，能够更精细地探测获取降水、降雪以及冰雹等雷达回波特征，提高雷达对降水粒子相态识别能力、降水估测水平，为赛区监测预警各类强对流天气提供强有力的支撑。

第五节

百年积淀 传承发展

（一）百年积淀，初心不变

北京国家基本气象站，历经百年沧桑，任凭风云变幻，坚守初心不变。这座百年气象台站，记录着晴雨冷暖、气候变迁，守护着一方天地、百姓平安。气象工作者秉承科学精神，传承“准确、及时、创新、奉献”的气象精神，日复一日地坚持气象观测工作，积累了宝贵的气象数据资料，见证了近现代气象事业发展的历史、文明与科学的进步。为将百年文化积淀传承下去，北京国家基本气象站于2017年启动了百年气象溯源工作，对北京整个气象观测历史脉络、观测数据资料进行梳理溯源，希望为后人留下一笔宝贵财富。

（二）传承发展，再赋新篇

观测是气象工作的立业之基、立足之本。北京国家基本气象站正瞄准现代化气象战略目标，增强履职尽责的责任感、使命感、紧迫感，坚持强国目标牵引，引领全国观测方向，推动更高水平的观测现代化。运用智慧气象方法理念，构建以数据

北京国家基本气象站观测场（2020 年摄）

为中心的观测信息化体系，加强高新技术在观测领域运用，着力提高气象观测自动化智能化水平。进一步完善观测业务网，优化站网布局，加快构建适应需求的全市观测业务体系。面向研究型业务基本业态，在保持基本业务高质量运行的前提下，找准研究型观测业务突破口，探索统筹集约的研究型业务布局，大力发展研究型观测业务。

百年一瞬间，若沧海一粟，经历了百年大潮的风云变幻，这座台站更具时代风华。受历史洗礼的北京国家基本气象站，继承了中华民族光荣文化传统，发扬了老一辈气象人事业情怀，面对新时代，面向新征程，不断创新，迎接挑战，乘风破浪，继往开来。

第二章 芜湖国家气象观测站

芜湖市气象观测站是安徽近代最早的气象观测站，自 1880 年开始进行气象观测，距今已有 140 多年的历史。芜湖气象诞生于风雨飘摇的年代，又在时代的大潮中逐步成长，一个多世纪的阴晴冷暖、风霜雪雨昭示了艰辛曲折的发展轨迹，是科学发展与民族复兴的忠实记录者。

第一节

长江巨埠 皖之中坚

诗中长爱杜池州，说着芜湖是胜游。
山掩肥城当北起，渡冲官道向西流。
风稍樯碇网初下，雨摆鱼薪市未收。
更好两三僧院舍，松衣石发斗山幽。
——林逋（宋）《过芜湖县》

历史悠久、风光秀美的江城芜湖，位于安徽省东南部长江南岸青弋江与长江汇合处，自古享有“江东名邑”“吴楚名区”之美誉，明代中后期是著名的浆染业中心，近代为“江南四大米市”之首。

芜湖古称鸠兹，已有2000多年的悠久历史。春秋时属吴国，因“湖沼一片，鸠鸟繁多”而名“鸠兹”，这也是芜湖最早见于史籍的地名。汉武帝元封二年（公元前 109 年），鸠兹设县，因“蓄水不深而多生芜藻”始名“芜湖”。

芜湖地处长江中下游，境内河网密布、土地肥沃，是主要的产粮区，被誉为“鱼米之乡”。每年盛产的稻米除自给自足外，仍有大量剩余外销，于是便形成了与米粮相关的产业。在古代，水路运输是最便捷也最经济的运输方式，芜湖处于长江黄金水道，南有青弋江、水阳江、清水河在此汇集入江，北有裕溪河、巢湖，是水上交通的

1908 年的芜湖中江塔（古人把长江从九江到镇江的一段称为中江，而芜湖适得其处，故有中江之名，中江塔也因此得名，并被誉为“江上芙蓉”）

19 世纪末的芜湖景象

枢纽。到了近代，优越的水运条件使得芜湖成为长江中下游最大的米粮集散地。目前，芜湖为安徽省地级市，经济总量居安徽省第二位，是国家长江三角洲城市群发展规划的大城市，皖江城市带承接产业转移示范区的核心城市，合芜蚌国家自主创新示范区、皖南国际文化旅游示范区、合肥都市圈、G60 科创走廊的重要成员。

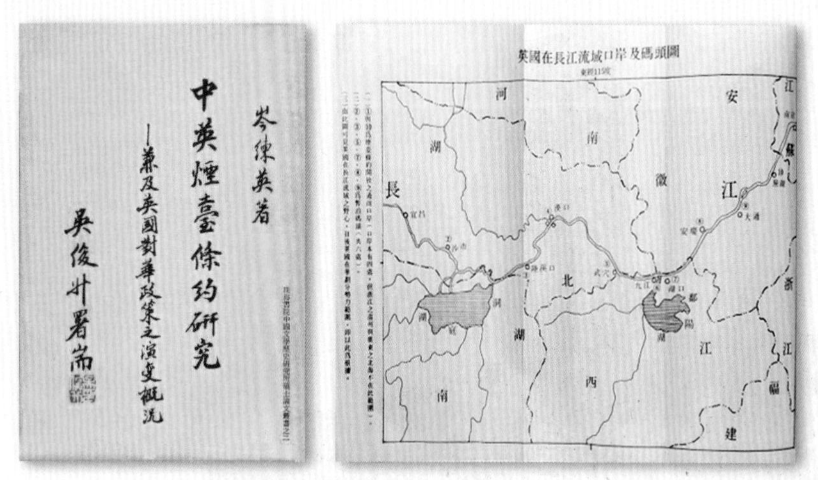

1978 年，香港的岑练英先生出版专著《中英烟台条约研究》，书中所附《英国在长江流域口岸及码头图》中注明芜湖为《中英烟台条约》开放的通商口岸

1876 年，清政府被迫签署不平等的《中英烟台条约》，芜湖被辟为通商口岸，芜湖成为安徽地区第一个与西方世界建立纽带的城市，芜湖气象也由此进入了中西方科技交融的时代，成为安徽近代气象事业的先驱和开拓者，将整个安徽省气象事业带入了近现代科学化发展的轨道之中。

2018 年，芜湖国家气象观测站被中国气象局正式认定为“中国百年气象站”；2020 年，芜湖国家气象观测站被世界气象组织（WMO）认定为“世界百年气象站”，是目前安徽省唯一的世界百年台站。百年风雨、沧桑巨变，这座屹立在长江之滨的世界百年气象站，依然在向我们诉说着这段斑驳的峥嵘岁月。

2018 年中国气象局为芜湖颁发的中国百年气象站铜牌

2020 年世界气象组织为芜湖颁发的世界百年气象站证书

第二节
诞生：近代安徽最早的气象观测站

清光绪二年（1876 年），清政府被迫与英国签署不平等的《中英烟台条约》，芜湖被辟为通商口岸。1877 年 4 月，芜湖海关正式建立，定为三等海关，专门征收轮船装运进出口货物的税款，兼管港口、航政、代办邮政、气象等业务，还负责稽查鸦片走私。由设在芜湖范罗山领事署内的英国领事署总税务司管理关务。

19 世纪末，芜湖长江码头

芜湖未设海关时，安徽地区的农土产品只能经上海、镇江、宁波、九江、汉口等口岸输出；进入安徽地区的产品都由上海等口岸输入。芜湖海关设立后，安徽有了直接的进出口贸易口岸。芜湖海关在旧中国是四十余处海关之一，也是安徽省最早的海关，芜湖市也因此成为安徽省最早对外开放的先锋。

（一）芜湖海关气象观测站

鸦片战争后，中国海关名义上隶属于清政府，实际上诸多方面听命于其外籍领导人以及各级要害部门的大批外籍雇员。1863 年 11 月，英国人赫德担任中国海关总税务司职务。自此，他主持中国海关近半个世纪，在海关建立了总税务司的绝对统治。

西方殖民者认识到，要保障入华商船、战舰的顺利航行，就需要获取中国各地的气象情报。于是，1869 年 11 月 12 日，海关总税务司赫德向各海关发布《海关 28 号通札》命令，详述了观测气象要素的重要性，提出要在中国沿海、长江重要口岸海关及近海海岛灯塔附近设立气象测候所。海关设立气象测候所使用的仪器由清政府出资

REFERENCES.

- Roads.
- Suburb Limits.
- 1.—Walled City.
- 2.—Foreign Quarter.
- 3.—Maritime Customs.
- 4.—Customs Jetty.
- 5.—Inland Customs.
- 6.—Other Tax Offices.
- 7.—Cargo-boat Station.
- 8.—Nearest Barriers.
- 9.—Taot'ai's Yamên.
- 10.—Commissioner's Residence.
- 11.—British Consulate.
- 12.—Jesuit Mission.
- 13.—Methodist Mission.
- 14.—Yamên.
- 15.—Barracks.
- 16.—Wuhu Pagoda.
- 17.—Proposed Port Limits.
- 18.—Provisional Port Limits.
- 19.—Provisional Anchorage Limits.
- 20.—Hulks.

Cemetery

WUHU.

清末民初芜湖港老地图，图中标注了20个单位：1.内城，2.外国人住所，3.海关，4.海关栈桥，5.钞关，6.其他税务机关，7.货船调度站，8.最近的关卡，9.道台衙门，10.海关关长官邸，11.英国领事馆，12.天主教耶稣会，13.美以美教会，14.衙门，15.兵营，16.芜湖宝塔，17.原议港口界，18.暂拟港口界，19.暂拟停船所，20.废船

19世纪30年代，芜湖长江边老海关建筑群

1880 年，中江塔附近设有芜湖最早的气象台

购买，而建立及运营测候所，则完全由外国人越俎代庖、大包大揽。1880 年，清政府听取了赫德的建议，在位于现在的芜湖市镜湖区滨江公园内老海关楼附近建立了海关气象观测站。与此同时建立的还有汕头、宁波等共计 21 处气象观测站，1880 年也成为海关气象观测史上设立观测站点最多的一年。

经考证，芜湖海关气象观测站于 1880 年 3 月正式开展气象观测，观测项目有气压、干球温度、湿球温度、最高温度、最低温度、降水量、降水时长、风向、风速和天气现象。直到 1937 年 11 月，芜湖在日本发动的侵华战争中沦陷，芜湖海关气象观测站才被迫中止业务观测。当时芜湖海关气象观测站的记录已长达半个世纪，其观测时间之长久，保存资料之完整，在近代中国气象观测史上实属罕见。芜湖的气象情报代表了当时长江中下游城市的主要天气特征，其资料价值相当可贵。1880 年，上海徐家汇观象台的气象情报网东至日本、南至菲律宾，设有 54 个台站，其中第 30 个站就是芜湖站，其重要性可见一斑。

当时的芜湖海关气象观测站没有独立的气象科室，也没有专职的气象工作者，观测工作全部由海务人员、外勤人员等原海关外籍工作人员兼职承担，直到 1913 年以后才吸收中国人参与。观测业务前期比较混乱，没有统一的规章，观测的时间、次数、项目前后不一致，仪器的型号、规格也不一样。气温、气压、降水的计量单位长期采用英制，如气温单位是华氏度、气压单位是英寸，且记录比较粗糙，如只记录气压表原始读数，不做任何订正。

从 1903 年开始，海关气象观测逐步改进，从当年 11 月 1 日起统一了观测的时次和基本项目，规定了每天进行 8 次观测（03 时、06 时、09 时、12 时、15 时、18 时、21 时、24 时）或 4 次（03 时、09 时、15 时、21 时）观测。1905 年，海关总署颁布了《气象工作须知》，有了统一的观测工作制度，还派人去各地检查落实情况，气象观测工作逐步走上正轨。1880 年 3 月至 1937 年 11 月期间，芜湖海关气象观测站的业务很少中断，每月编制月报表，并于下月初报送海关总署。自 1935 年起，芜湖海关气象观测站承担了向徐家汇、青岛、香港、东京等气象台发送气象电报的任务，同时发

芜湖海关气象（司红君 绘）

1880 年 3 月，芜湖海关气象观测记录

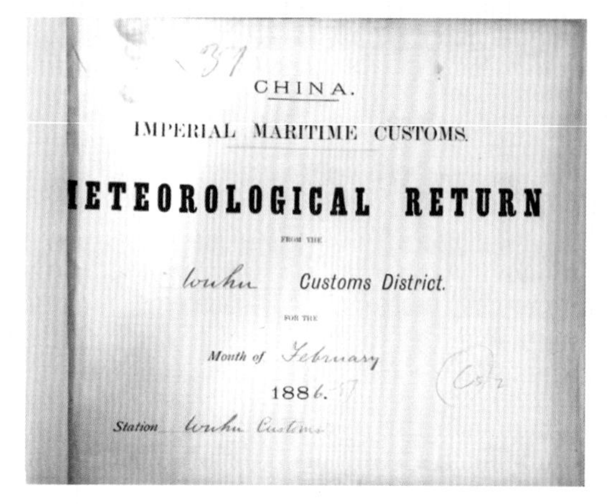

1886 年 2 月，芜湖海关气象观测月报表封面

电报的还有秦皇岛、塘沽、厦门、汕头等 27 个台站，每日需要发送气象电报到 9 个不同的地方，发报次数达到 270 次。

中国海关自 1896 年就制定了悬挂信号旗的天气预报发布办法，由上海港逐步扩大到中国其他海岸港口地区。1905 年，因使用信号旗作标记暴露出无法克服的缺点，即信号旗在天气晴朗无风时不能飘扬，因而无法识别其形状和颜色，也就无法得知未来的天气变化，经中国海关协调同意后，决定统一采用圆形体标记，从任何方位看其投影不变。圆形体标记分为球体、尖端向上的锥体、尖端向下的锥体、底部相连的锥体和尖端相连的锥体 5 类，并由此确定大风及台风、低气压的区域位置信号及移动方向信号。从理论上推测，当年，芜湖海关气象观测站也是要悬挂信号旗的，但目前尚未找到相关的图片和记录。

芜湖海关气象观测是安徽近代气象观测的开端，为芜湖乃至安徽地区积累了长达半个世纪大量可用的气象资料，是安徽气象史上重要的组成部分。但是，我们必须清醒地认识到，西方列强在中国进行气象观测的初衷，完全是从自身利益出发，为其侵略战争服务的。

（二）芜湖教会气象观测

与海关气象同时期建立和发展的气象观测还有芜湖的天主教会，这也是一直以来民间流传最多的关于芜湖气象起源的说法之一。

鸦片战争后，天主教耶稣会来华传教，于 1847 年在上海徐家汇建立天主教江南传教区总部，并先后将教务开展到江苏、安徽两省，其中，安徽省主教堂就设在芜湖。有关传教士来芜湖的最早记述在 1874 年。当时，法国籍天主教传教士金式玉在芜湖沿江一带购得土地，建了几间简陋的房屋，开展传教、气象观测等一系列工作。1876 年，《中英烟台条约》签订后，芜湖被辟为通商口岸，这更利于金式玉开展传教。1883 年，金式玉购置芜湖鹤儿山土地，并于 1887 年在此开始正式建造住院与教堂。1889 年底，江南教区中心大教堂建成，名为芜湖圣若瑟主教座堂。1891 年 5 月爆发“芜湖教案”，教堂被烧毁。事后，清政府赔偿了法方 123000 多两白银，教会便在原址扩大规模重建教堂。新教堂以法国教堂巴黎圣母院为蓝本模仿建造，于 1895 年 6 月竣工，是华东闻名遐迩的宗教场所，规模仅次于上海徐家汇天主教堂，协助统领整个江南教区，素有江南“小巴黎圣母院”的美誉。

除了传教以外，芜湖天主教还开设了医院、学校、气象观测等多项业务。1880 年初，在徐家汇天主教堂总部的统一部署下，芜湖天主教购买了一批气象仪器，建起了芜湖教会气象站并开始了气象观测。据竺可桢先生编著的《中国之雨量》记载，芜湖教会气象观测自 1880 年 6 月开始，较海关气象观测迟了 3 个月。

当时，芜湖天主教还须将每个月的气象观测记录汇编成册，汇交到徐家汇观象台。同时，芜湖天主教利用其自营的印书馆，将每个月或每两个月的气象观测记录编辑印刷成期刊。封面上用中文、法文两种语言，清楚标明期刊内容、观测年月及期刊号，这在当时是相当先进的。根据 1935 年 10 月出版的芜湖气象观测期刊记载，当时教会气象观测每天进行 8 次（03 时、06 时、09 时、12 时、15 时、18 时、21 时和 24 时），观测项目包括气温、气压、相对湿度、风向风速、云状、降水、蒸发和天气现象等。观测地点就在现今的芜湖市镜湖区吉和街天主教堂内。

1930 年 1 月，徐家汇观象台第一次出现了芜湖站的汇交资料，每天一次，只有天气现象和降水量。1932 年 12 月 23 日，东亚地面天气图第一次出现了“芜湖站”的站

20 世纪 10 年代的芜湖天主教堂

芜湖天主教堂内，亭顶置有测风仪器

点名称；1933 年 2 月 1 日，东亚地面天气图“芜湖站”下面第一次出现了芜湖的气象记录。

从目前留存的芜湖教会的气象观测资料来看，其观测质量和数据的清晰程度要明显好于海关气象。由于当年芜湖海关和天主教堂距离很近，并且来往密切，两个气象站观测的时次也是一致的，他们之间是否有交流合作、数据共享，还有待进一步考证。

第三节

挣扎：在艰苦环境下勉强生存

国家兴亡，匹夫有责。在那个弱肉强食的时代里，我国无数具有强烈民族责任感的仁人志士艰难地推进着中国气象科学的发展。

（一）芜湖长序列气象观测资料首次被官方收录

辛亥革命推翻了清政府的腐朽统治，1912 年中华民国成立后，南京临时政府在北京古观象台的基础上筹建了我国自主创办的第一个气象台——中央观象台。为了对外宣传气象知识和气象工作，中央观象台编印了《气象月刊》（1915 年改为《气象丛书》）、《观象丛报》等，刊物内容主要为气象学专业学术文章，以及北京和全国其他部分城市的气象记录。当时国内观测站点较少，发报的台站仅有海关测候所 10 余个，多集中在沿江、沿海一带，安徽省仅有芜湖海关测候所的观测数据。

中華民國十一年九月

各地氣象月表

類別 / 地名	東經	北緯	氣壓 m m	氣溫 C°	最高氣溫 C°	最低氣溫 C°	濕度 %	風向	風力 0-12	雲量 0-10	雨計 m/m	紀要
瓊州	110.19	20.0	756.24	28.3	30.0	25.0	88.0	NE	7	5.8	279.146	陰雨共十日
北海	109.4	21.28	756.15	27.8	30.0	23.3	79.0	N	10	5.8	419.100	陰雨共十八日 一日至五日係連日陰雨 二十日二十一日大風
廣州	113.16	23.12	757.42	27.2	31.7	23.9	83.0	N	4	6.3	319.278	陰雨共十五日
汕頭	116.40	23.21	756.44	26.7	30.0	23.3	86.5	NE	9	5.4	46.736	陰雨共十日 十九日至二十一日大風
梧州	110.26	23.32	756.08	26.7	29.4	23.9	78.0	E	4	7.0	114.300	陰雨共六日 有霧共十三日 二十六日至三十日係連日有霧
厦門	118.6	24.28	755.79	27.8	30.0	25.0	87.0	NE	7	5.0	130.302	陰雨共十日
騰越	98.30	25.0	756.59	20.0	24.4	15.6	80.0	S	1	6.5	104.140	陰雨共十八日
羅星塔	119.20	26.7	757.18	26.1	28.9	23.9	83.0	NE	9	—	245.872	陰雨共十三日 六日有霧 二十八日大風
溫州	120.37	28.0	757.73	26.7	28.3	23.3	82.0	SE	12	6.4	435.610	陰雨共十七日 十一日大風
長沙	112.46	28.13	760.62	25.6	30.0	21.7	69.5	NNW	10	3.9	12.192	陰雨共五日 十八日十九日大風
岳州	113.6	29.20	757.69	23.9	27.8	21.1	82.0	NE	10	5.3	15.748	陰雨共五日 三日及十七日至十九日又二十八日至三十日大風
重慶	106.35	29.29	763.37	23.9	27.8	21.7	82.0	S	2	—	123.190	陰雨共八日 有霧共五日 二十七日至二十九日係連日大霧
九江	116.6	29.42	759.14	25.0	28.3	22.2	73.5	NE	10	4.4	10.160	陰雨共七日 十九日及二十九日三十日大風
鎮海	121.42	29.57	758.54	25.0	27.8	22.2	82.0	NE	9	7.6	366.522	陰雨共十七日 二十九日大風
漢口	114.20	30.32	762.63	25.6	30.0	21.1	65.5	NNE	7	3.8	10.414	陰雨共三日 天陰共二日
宜昌	111.21	30.40	764.84	23.9	28.9	20.6	73.5	SE	3	4.7	30.734	陰雨共七日
大戢山	122.9	30.47	758.03	23.9	26.7	22.2	85.5	NNE	12	6.7	203.438	陰雨共十日 有霧共十六日 一日十二日大風
蕪湖	118.23	31.20	760.00	23.3	26.7	20.0	81.0	E	10	—	134.366	陰雨共十日 一日二日十二日十三日大風
吳淞	121.30	31.21	759.96	23.9	26.7	21.7	85.5	E	10	6.2	171.704	陰雨共十一日 有霧共十四日 一日十九日大風
鎮江	119.26	32.10	759.55	22.8	26.7	20.0	81.0	NE	10	6.3	346.456	陰雨共十四日 二日三日十三日大風二十七日有霧
煙台	121.25	37.32	761.26	21.1	25.0	17.8	80.0	NW	7	5.2	240.538	陰雨共十日
塘沽	117.39	39.7	760.85	21.1	26.1	16.7	66.0	SW	7	—	13.462	陰雨共七日
秦皇島	119.37	39.56	762.87	18.9	23.9	15.0	74.0	NE	10	4.1	124.968	陰雨共五日 七日至十一日均午後雷雨大風 二十六日有霧
安東	124.21	40.6	760.87	18.3	23.9	15.0	79.0	NE	7	5.9	440.182	陰雨共九日
牛莊	122.36	40.58	760.71	17.8	23.3	8.3	89.0	NE	9	4.3	130.048	陰雨共七日 十四日二十七日二十八日大風
三水	108.25	35.11	756.24	26.7	30.0	24.4	82.0	SE	6	4.4	62.738	陰雨共九日 十日雷雨雹
愛琿	127.29	50.0	756.46	11.7	17.2	6.7	79.5	N	6	3.5	176.530	陰雨共十二日 (內十九日陰雨有雪二十六日陰雨有霧)
昆明	102.41	25.2	764.44	18.0	20.1	16.1	88.0	E	7	6.0	35.500	陰雨共十五日 二十四日至三十日係連日陰雨
太原	112.29	37.53	761.54	16.7	23.5	12.1	71.0	S	8	1.2	35.400	陰雨共五日 二十九日大風

表中各地氣壓氣溫濕度雲量等數係月之平均數. 風向係月之最多向. 風力係月之最大數. 雨計係月之總計數.

中央观象台编印的《气象月刊》，其中收录的各地气象月表中，安徽省仅芜湖一处

为了发展全国的气象事业，中央观象台还拟定了《扩充全国测候所意见书》，开始进行气象测候所建设，并开办短期培训班，培养了一批测候人员。

国立中央研究院气象研究所大门

1929年元旦，国立中央研究院气象研究所在南京北极阁成立，竺可桢先生担任所长。气象研究所的主要任务是气象观测、气象研究以及对全国气象工作进行指导。气象研究所定期出版观测资料《气象月刊》，主要刊登北极阁气象台的详细气象资料，同时摘登国内重要台站的记录（包括气压、气温、绝对湿度、相对湿度、降水量、日照时数、雨量、风向风速等），最多时有89处，基本上包含了国内的重要气象台站。《气象月刊》出版前期，安徽省仅有芜湖一站，后期又增加了安徽怀宁（安庆）站。每到年终，《气象月刊》还分项统计后编印成《气象年报》，并附有一些气象论文。这些刊物均能按时出版，并获得国内外人士的好评。

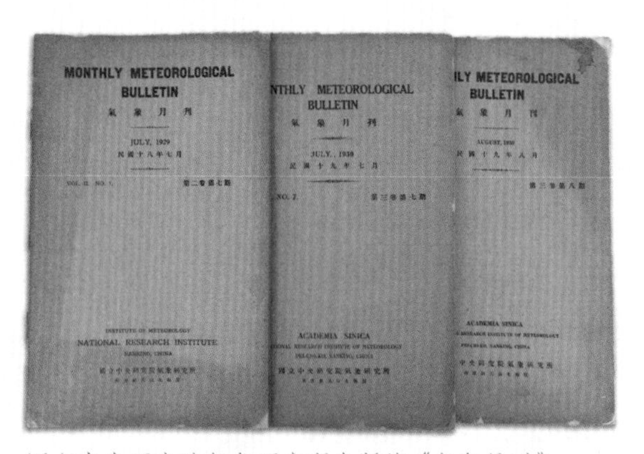

国立中央研究院气象研究所出版的《气象月刊》

气象研究所组织专人采集全国以往所有的气象记录，并于1936年出版了《中国之雨量》，其中收录了芜湖、霍邱等共10个地区的雨量资料，这是芜湖长序列气象观测资料首次在全国官方记录中出现。1940年出版的《中国之温度》记录了芜湖、舒城、太湖、广德等32个台站的气温。

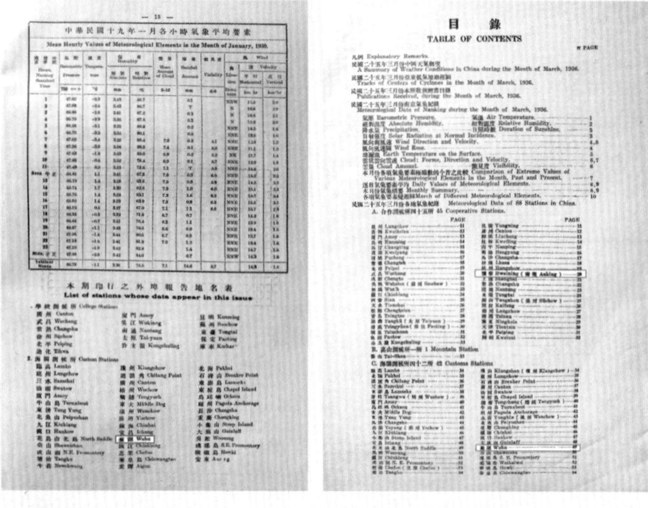
中華民國十九年一月各小時氣象平均表

Mean Hourly Values of Meteorological Elements in the Month of January, 1930.

本期印行之外埠報告地名表

List of stations whose data appear in this issue

目 錄

TABLE OF CONTENTS

1930 年 1 月的《气象月刊》内页，安徽仅芜湖一站（左）；
1936 年 3 月的《气象月刊》目录，安徽有芜湖、怀宁两站（右）

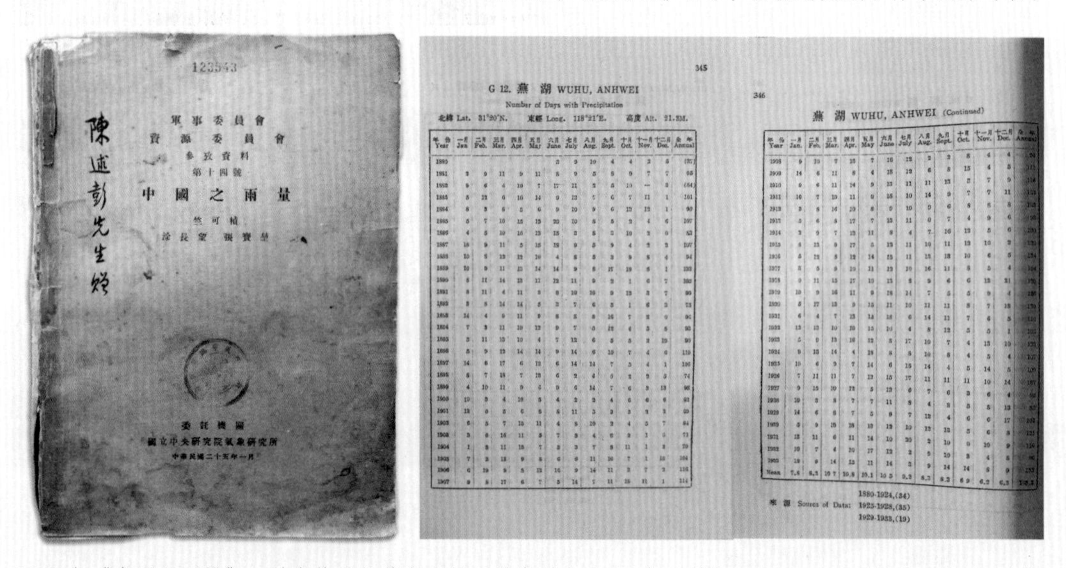
123543

軍事委員會

資源委員會

參攷資料

第十四號

中國之雨量

竺可楨

涂長望 張寶堃

委託機關

國立中央研究院氣象研究所

中華民國二十五年一月

G 12. 蕪湖 WUHU, ANHWEI

Number of Days with Precipitation

蕪湖 WUHU, ANHWEI (Continued)

1936 年《中国之雨量》，其中收录的芜湖逐月雨量资料自 1880 年 6 月起至 1933 年 12 月止，长达 54 年

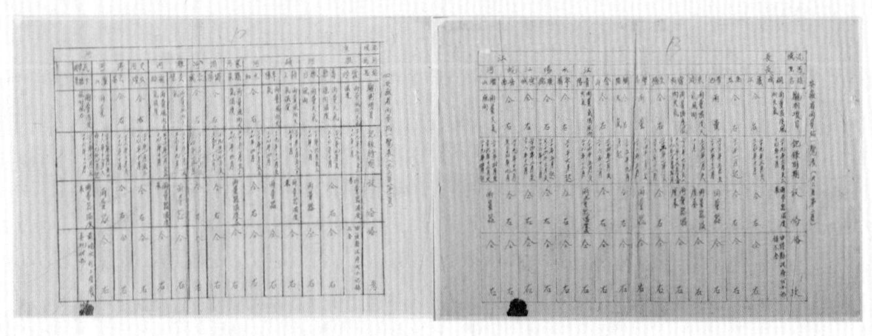
20 世纪 40 年代，安徽省雨量站一览表

（二）民国时期安徽气象事业

全国气象界和实业界有识之士不满中国气象事业的落后，他们迫切要求统一规划、统一管理的全国气象事业。为了气象事业的发展，竺可桢先生于1928年提出了《全国设立气象测候所计划书》，1929—1937年，中央研究院气象研究所在南京先后开办了4期气象学习班。在1931年第二期气象学习班中，安徽省建设厅首次选派宛敏渭参加学习。当时安徽省并没有专业的气象测候所（可观测多种气象要素），因此，在第二期气象学习班结束后不久的1932年4月19日，竺可桢先生写信给时任安徽省建设厅厅长程振钧，请求在当时的安徽省会安庆筹建气象测候所，并推荐宛敏渭负责该项工作。1932年，安徽省建设厅向中央研究院气象研究所赊购相关气象仪器，在安庆建立了气象测候所，这是近代安徽省官办的首个正式气象观测站，同时也是安徽近代气象事业的新起点。

安徽省建设厅气象测候所于1934年1月1日正式启用，每天06时、14时、21时观测3次，观测要素包括气压、气温、湿度、雨量、蒸发、天气现象、云量、风向、风速9项。当时的气象测候所位于安庆市建设厅院内，空间非常狭小，工作环境较为恶劣，宛敏渭作为近代安徽气象事业的开创者，在气象测候所成立初期，一人独立完成了所内的气象观测、发报、记录整理、报表编制，以及仪器的维修维护等工作，另外，每日上、下午还要到电报局发两次气象电报给中央研究院气象研究所，夏、秋季飓风期间晚间则要加发一次电报，以供预报和绘制天气图之用。

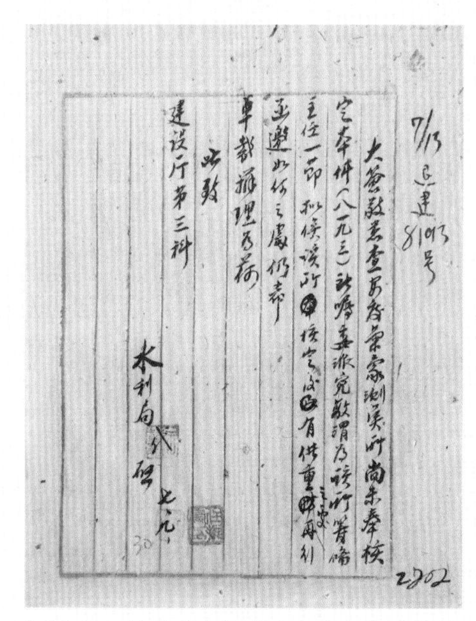
7/13
81013号

委派宛敏渭为该所筹备
主任一节
此致
建设厅第三科
水利局
2202

1937年，关于派宛敏渭为安庆气象测候所筹备主任的函

1937年春天，基于全国气象会议提出的各省须建设规模完备的省会测候所的要求，安徽省政府决定，在原安徽省建设厅测候所的基础上补充气象仪器，扩充建设为省会测候所，即安庆气象测候所，宛敏渭被委派为该所筹备主任，负责选购仪器和筹建相关工作。1937年7月7日，日本帝国主义制造了发动全面侵华战争的卢沟桥事变，安庆遭轰炸，当时测候所

仪器未装置，于10月停办。

1939年秋，安徽省政府迁至立煌（金寨），并在立煌筹建省会测候所（二等测候所），隶属安徽省建设厅，并于1940年1月开始气象观测。1941年6月，安徽省建设厅制定了《安徽省会气象测候所组织规程》《安徽省会气象测候所办事细则》等气象章程，要求测候所的观测工作要按照民国中央行政院颁发的《全国气象观测实施规程》执行，每月观测记录报表经该所主任审核后，报送安徽省建设厅、安徽省农林部、中央气象局、中央研究院气象研究所、国会秘书处各1份。1945年抗日战争胜利后，同年12月，安徽省会气象测候所随省政府迁至合肥，地址在西门内龚湾巷程氏宗祠内，后又搬至逍遥津，并于1946年1月开始观测。1946年5月15日，安徽省会气象测候所改名为安徽省水利局合肥测候所，1947年11月1日，又改名为安徽省合肥气象测候所，1948年12月，该所迁至芜湖，并于1949年1月开始观测。

第四节

重生：芜湖气象事业焕发生机

新中国成立后，国家十分重视气象工作。1952年1月11日，芜湖气象站在芜湖市下长街38号建立（东经118° 21′，北纬31° 20′，海拔高度19.2米，区站号为57921）。当时，芜湖气象站每天进行4次定时观测（02时、08时、14时、20时）和3次补充观测（05时、11时、17时），观测项目有气压、气温、湿度（水汽压、相对湿度、露点温度）、降水、日照、蒸发、天气现象、云、能见度、冻土、雪压、地温（0～320厘米）。

1952—1955年，芜湖气象站历经数次搬迁，分别在芜湖市六度巷86号、杨家巷67号和张家山西4号进行观测，各观测场经纬度均不变，海拔高度分别为12.8米、11.8米和14.8米。1957年6月1日，芜湖气象观测站区站号变更为58334，并一直沿用至今。

1953年以前，由于芜湖气象站实行军事化或半军事化管理，该站在很长一段时间都带着神秘色彩——非本站职工进出需要经过审批和保密检查，天气报文也属于军事秘密需要加密处理。在那个年代，气象工作者的生活如同“苦行僧”，他们在简陋的工作场所里，用着较为落后的设备，过着几乎与世隔绝的生活。据曾在这里工作的老同志回忆，当时台站里除了观测仪器，办公用品就只剩算盘和各类查算表。测报人员要在规定的短短十几分钟内，在观测场内读取各种仪器的数据并进行订正、查算，随后要编辑密码电文，最终完成资料传输。每天重复这一工作，流程看似简单，但出现任何一个细小的失误都是不允许的。

与如今的气象工作者不同，那时，熟练打算盘、抄写数码、编辑密码电文是每个测报员的基本功。仅就报表编制来说，就有初作、抄录、校对、预审和审核五个环节。一份 20 多页的月报表，其中的数据要通过打算盘来进行反复核对，这份工作一点儿也不轻松。芜湖市气象局南陵县职工邹云水的父亲是当年芜湖气象站的工作人员，年近 50 岁的他至今仍清晰记得，在儿时的夏夜，父亲点着蚊香抄录气象报表到夜半三更的情景。他说，那时，无论刮风下雨，还是吃团圆饭的时候，只要一到观测和发报时间，父亲就会立即走出家门，只留给他一个忍受寂寞、甘耐清贫的背影。几十年后，循着父亲的足迹，邹云水走上了气象岗位；又过了几十年，邹云水的女儿也走上了气象岗位。

这便是为了新中国气象事业无私奉献、任劳任怨的老一辈气象人的身影，千千万万个如此坚定的身影凝成一束光，投射到一代又一代气象工作者的身上，接续奋斗，砥砺前行。岁月变迁，季节更迭，芜湖气象事业的发展饱含着几代气象人不懈的努力。

20 世纪 50 年代初，芜湖气象站工作人员合影

1957 年 10 月 1 日，芜湖气象站全体同志合影

20世纪60年代的观测员

1958年10月，芜湖气象台全体同志合影

1962年8月，芜湖气象台全体同志与安农实习同学合影

第五节
发展：借改革春风现代气象茁壮成长

（一）新技术带来业务大变革

1978 年，改革开放的春风吹遍神州大地，芜湖气象工作者也抓住机遇，将气象工作融入经济社会发展大局，驶入发展“快车道”。

1978 年底，芜湖气象站建成占地 800 平方米的雷达楼；1986 年，芜湖气象部门正式使用 PC-1500A 袖珍计算机开展地面气象测报业务，人工编报成为历史；1993 年 4 月 1 日，芜湖气象站安装了卫星云图接收机，建立能够接收日本 GMS 卫星资料的地面站，实现卫星云图的实时接收和气象资料的“一机多屏”显示功能；1995 年，

1983 年芜湖气象台观测场全景

1983 年夏，芜湖市气象局女职工在观测场合影

1984 年夏，芜湖气象台预报员正在进行天气会商

1984 年 8 月，安徽省二期计算机学习班（芜湖）同学合影留念

20 世纪 90 年代，芜湖市气象台预报员应用气象信息综合分析处理系统（MICAPS1.0 版）进行天气分析

1999 年 6 月 23 日，芜湖市气象局气象卫星地面单收站开通

启用“286”计算机，观测资料处理开始逐步迈入自动化时代；1996 年，建设气象卫星综合应用业务系统 VSAT 小站。

进入新世纪，新一代天气预报业务系统、精细化要素客观预报系统等业务系统软件开始纷纷投入应用，森林火险气象等级指数、生活气象指数、地质灾害气象等级预报等产品不断研发问世，雷达资料综合应用系统、短时强对流天气监测预警系统等在芜湖相继投入业务使用。建成自动气象站网络，气象观测数据开始深度服务防灾减灾、森林防火、交通出行等领域。

由于城市快速发展，芜湖张家山观测场周边探测环境遭到了较严重破坏。2006 年元旦，芜湖气象观测站正式搬迁到芜湖长江大桥气象科技园。从那时起，气象要素可以通过各种传感器自动采集，并实现连续观测和资料实时上传。大部分人工观测业务在芜湖告一段落，而气象观测密度和数据应用时效则得到大大提升。

芜湖市气象局张家山旧址（1999 年）

（二）新时代迎来现代化发展

在新时代，有着上百年历史的芜湖气象事业迎来了腾飞的机遇。2012 年 5 月，安徽省气象局确定芜湖为全省率先基本实现气象现代化试点市，为芜湖市推进气象现代化奠定坚实基础。2013 年 6 月，根据芜湖市政府城市东扩的发展布局，芜湖市气象局搬迁至城东新区大阳埠生态湿地公园南侧，新址规模相比之前扩大了近 3 倍，新办公楼突出徽派建筑风格，如同一幅水墨山水画，成为当地气象科普和气象文化宣传的一个窗口。2016 年 1 月 1 日，芜湖国家气象观测站搬迁至大阳埠生态湿地公园内，观测站新址四周空旷，花团锦簇、飞鸟云集、景色宜人。为保护气象探测环境和设施免受破坏，芜湖市政府特别发文，承诺该站现在的站址可确保至少 30 年可持续观测，保证外部环境不受影响。

在安徽省气象局和芜湖市委市政府的关怀和领导下，芜湖市气象局走过了不平凡发展历程。截至 2020 年，全市建成 5 个国家级地面观测站、190 个自动气象站、286 个专业气象监测站及 1 部风廓线雷达，气象灾害监测网络系统初步建成；城区、重点

芜湖市气象局现址（2021 年）

气象灾害隐患区域的监测分辨率达 3 ～ 5 公里；积极开展“芜湖市预报预警一体化平台”网格预报产品以及延伸期客观化气候预测产品的应用；开展重污染天气气象条件预报预警和大气污染扩散条件预报技术研究，实行大气污染扩散条件预报常规化；开展大城市精细化预报服务、山洪地质灾害防治精细化预报、乡镇精细化气象要素预报及检验业务。充分利用社会媒体以及政府网站、气象微信、微博、广播、报纸、手机短信以及气象预报预警电子显示屏等多种手段向社会公众发布和传播各类气象信息，强化气象防灾减灾知识科学普及，提升公众的防灾减灾意识和自救互救能力；坚持以“三农”气象服务专项建设为抓手，针对超级稻、水产养殖、特色经济水果（蓝莓、葡萄、桃子、猕猴桃等）及家禽开展特色农业气象服务，推进气候好产品品质评价工作，申报评选“安徽避暑旅游目的地”。先后出台《芜湖市突发事件预警信息发布管理办法》《芜湖市气候资源开发利用和保护办法》《芜湖市人民政府关于进一步加强防雷安全监管的意见》《芜湖市人工影响天气管理办法》等，气象现代化发展环境不断优化；与科技、农业、文旅等多部门密切配合，实现多部门共推、共建和共享气象现代化。

芜湖市气象台预报员正在为孩子们科普卫星云图的相关知识（司红君 绘）

（三）新使命坚守初心筑防线

守住气象防灾减灾第一道防线，是气象工作的重要职责，也是人民群众对气象工作最大的需求。回顾过往，2008 年的大雪、2012 年的台风“海葵”、2016 年的历史罕见强降水、2019 年严峻的旱情和森林防火形势、2020 年历史罕见的超强梅雨期……在自然灾害面前，芜湖气象用一次次贴心周到的气象服务，为市委、市政府应对风险挑战、赢得主动先机提供了有力保证，为江城百姓生命财产安全守住了“第一道防线”。

2020 年，我国长江流域出现了严重的汛情，位于长江中下游的芜湖市汛情历史罕见，梅雨期长达 52 天，累计平均降水量为有完整气象记录以来同期最多，长江芜湖段全面超警戒水位，境内中小河流全面超保证水位、超历史水位，长江芜湖站最高水位达 12.76 米，仅次于 1954 年 12.87 米。

2020 年 7 月 3 日，芜湖市气象台根据智能网格预报产品，结合大数据平台的实况历史资料分析，得出芜湖市将迎来一次强降水过程的预报结论。在和省气象台会商后，芜湖市气象局立即制作《天气信息专报》报送市委、市政府和各防汛责任人。这份“4 日以后芜湖将出现大到暴雨，局地大暴雨天气”的《天气信息专报》引起了市委、市政府和各防汛责任人的极大关注。

历史上，芜湖曾多次面临上有陈村水库及徽水下泄、下有长江高水顶托和本地强降水及高底水“三碰头”的不利局面。一旦形成，防汛就到了最吃紧的时刻。这其中，青弋江上游的陈村水库是对芜湖防汛影响最大的因素之一，该水库由省水利厅直接管理调度。而此时，陈村水库即将到达汛限水位，且水位仍在继续上涨。

市委、市政府领导高度重视，立即组织召开会商会。陈村水库是否提前泄洪，不仅关乎经济社会发展，更关乎人民生命安全。泄洪还是不泄洪？成为压在每一个参会人员心中的巨石。根据同省气象台的天气会商意见，芜湖市气象局主要负责人提出：“我市及黄山地区 4—6 日将有一次明显降雨过程，累计降水量可达 150 ～ 200 毫米，局地超过 300 毫米。”芜湖市水文局主要负责人当即表示，这个降雨量意味着陈村水库将上涨 1 ～ 2 米。

坚持“人民至上、生命至上”的原则，芜湖市防汛指挥部立即向省防汛指挥部建议陈村水库泄洪。7 月 3 日 20 时 30 分，陈村水库中孔全开泄洪，下泄流量在次日 8 时达到 1190 立方米每秒。泄洪期间，芜湖市气象局做好“叫应”工作，实时监测流域内雨情情况，与水务、水文局及时会商，提供6小时实况监测和逐日滚动预报，保障了泄洪期间的流域安全。

强降雨如期而至。7月5—6日，芜湖市出现强降雨过程，降水实况与预报基本吻合，至7月7日上午8时，长江芜湖段超警戒水位0.23米，达到了11.43米且持续上涨。除了长江外，青弋江、漳河、西河、裕溪河等主要支流也全部超过警戒水位，部分河段接近保证水位。由于预报准确，陈村水库提前泄洪，芜湖市防汛形势处于可控阶段，此次气象服务也因此得到芜湖市决策层的一致好评。

“要始终将确保人民群众生命安全放在第一位，陈村水库提前泄洪是一次坚守人民至上、生命至上的成功案例，继续加强气象监测预报预警，为新一轮强降雨做好准备。”2020年7月13日，芜湖市委书记潘朝晖在市防汛抗旱指挥部会议上指出。

保人民生命财产安全就是保胜利。在2020年汛期气象服务中，芜湖市气象局努力发挥气象防灾减灾第一道防线作用，积极奋战，全力投入。面对52天超长梅雨期、累计平均降水量964毫米历史第一的严峻形势，芜湖全市气象部门坚持人民至上、生命至上，以高度的政治责任感和使命感，坚守岗位，连续作战，履职尽责，在50天超长应急响应状态下，开展贴身“管家式”24小时不间断服务；面对长江、内河、无为大堤“三线作战”的严峻汛情，突出全天候会商，强化研究型业务成果应用，开展中小河流流域、山洪地质灾害精细化预报，建立重大气象灾害预警信息全网发布机制。报送“重大气象信息”等决策服务材料634期，发布暴雨、雷电等各类预警信号243次。为陈村水库泄洪蓄洪、无为大堤保卫战等重大决策提供有力的科学支撑，为全市防汛保住人民群众的生命安全、保住万亩以上的圩口和水库、保住重要基础设施的目标贡献了气象力量。

“水情是芜湖最大的市情，水患是芜湖最大的隐患。”芜湖市委、市政府把抗洪工作作为压倒一切的中心工作、首位工作，正是这样的强大决心和坚定毅力才确保了人民群众生命安全，确保城区、县城和重要基础设施不淹，确保万亩以上圩口不破……全市上下团结一心打赢了2020年这场防汛抗洪的硬仗！

有中国共产党坚强有力的领导，有科学有效的应对方案和军民大团结，我们就有底气、有能力不断地战胜各种灾害与挑战。同样，筑牢气象防灾减灾第一道防线，守护芜湖父老乡亲、守护芜湖人民的美好家园，气象人正严阵以待，也必将全力以赴。

（四）新起点瞄准目标展未来

百年气象护江城，风雨兼程谱华章。芜湖气象事业从历史的深处走来，向灿烂的未来走去，凝聚和展示了芜湖气象人甘于奉献的光荣传统和勇于创新的时代精神。站在新的历史起点上，芜湖气象事业将秉承百年传统，紧紧围绕“四个全面”战略布局，瞄准实现更高水平气象现代化的目标，发展智慧气象，当好皖江发展排头兵，为高水平全面建成小康社会保驾护航。

夜幕下的芜湖中江塔（方坤 摄）

第三章

青岛国家基本气象站

青岛本是个岛名，指胶州湾海口北侧的海中小岛（现称作“小青岛”），该岛又名“琴岛”，据《琴岛诗话》记载：“取其山如琴，水如弦，清风徐来，波音铮铮如琴声之故。”青岛现为我国沿海重要中心城市、滨海度假旅游城市、国际性港口城市、历史文化名城，因其气候宜人、城市风格时尚，被誉为“东方瑞士”。

我国近现代气象事业发展中，青岛犹如一颗明珠般熠熠生辉，她不仅是我国近代较早开展气象事业的城市之一，更是我国气象学术团体——中国气象学会的诞生地。此外，青岛观象台开创了天文、地磁、海洋气象等业务并迅速取得辉煌的成就，新中国成立后青岛气象事业蓬勃发展，完成率先基本实现气象现代化的目标，近海海洋气象监测预警和服务走在了沿海城市的前列，在防灾减灾、重大活动保障中谱写了精美篇章。

小青岛

第一节
因海而生，铁蹄践踏之下拔锚起航

（一）优良港湾遭遇铁蹄，气象机构如影建立

青岛位于山东半岛东南端，东、南濒临黄海，是一座历史文化名城，早在 6000 年前就已经有了人类的生存和繁衍。

青岛河口于明万历年间建港，称青岛口，与沧口、金口镇一并成为三大通商港口，航运比较发达。

1869 年，德国地质学家李希霍芬受德国政府的委托，在对山东半岛进行了详细的实地考察之后，在向德国驻沪领事馆提交的秘密报告中称青岛胶州湾是全华北独一无二的最佳港湾。

鉴于胶州湾水深港阔、形势险要的地理特点，为防止欧洲列强觊觎，清政府于 1891 年 6 月 14 日决定在胶澳（青岛的旧称）设防，青岛由此开始建制。之后清政府调任登州镇总兵章高元率部驻守青岛村一带，总兵衙门设旧址位于今青岛市人民会堂，形成了胶州湾的主要防区。

1896 年，德国政府根据李希霍芬的报告，派遣东方舰队司令狄特立希率领舰队来到青岛胶州湾又进行了一次彻底的测量、考察："小而一片礁石，一片砂土，此后如何利用，大而铁路、航路、船坞如何设计，以与香港、上海竞争，逐条计划，以立日后建设之基础。"

1896 年 7 月 23 日，德国海军"伊尔提斯"号炮舰由芝罘（今烟台市）驶往上海途中，航经山东荣成成山头海域时遇到了强烈的台风，舰上的帆索桅具大都被摧折，在与风暴苦苦搏斗了几个小时后，最终触礁沉没。德国海军在总结报告中认为，正是由于缺乏准确的气象预报，才导致了这一悲剧的发生。在远东地区建立天文气象观测机构，成为德国海军实施海外侵略扩张的要务。

1898 年德国在今馆陶路 1 号设立的简易气象观测机构

1897 年 11 月 14 日，德国政府以巨野教案为借口，以登陆演习为名，出兵登陆青岛，随后占领了青岛。

1898 年 3 月 6 日，德国强迫清政府签订《胶澳租界条约》。签字前 5 天，德国海军港务测量部迫不及待地在今馆陶路 1 号处，设立简易气象观测机构，开始进行气象观测。同年 4 月 26 日，该气象观测机构定名为“气象天测所”，10 月迁至今上海支路一带继续观测。

1905 年 5 月 10 日，气象天测所迁至水道山（因建贮水池得名），水道山也因此更名为观象山。随着来自德国的先进科学仪器陆续抵达，观测所已可以开展多项观测活动：1908 年，开始用维歇尔地震仪观测地震，并成功进行了预测；1909 年，已拥有地震仪、地磁仪、黄道仪、子午仪、报时球等多种科学仪器。

1911 年 1 月 1 日，德国正式将其命名为“皇家青岛观象台”。

（二）德占时期业务成形，观象大楼巍然耸立

1. 气象业务逐渐成形

德国管理观象台期间（1898—1914 年），每日进行 3 次气象观测，观测时间起初为 08 时、14 时和 20 时，后改为每日的 07 时、13 时和 21 时，同时制作天气预报，“每日亦公布气象图，并报告天气，及暴风雨”。此外，注重对观测资料的保存和积累，“其所出版有地震报告，及 1898—1908 年之气象成绩各一本”。1911 年，补充了观测仪器，增加济南、潍县等十余个观测所为其下辖单位。

1908 年，胶澳租界地的德国总督冯·托尔柏尔，邀请法国控制的上海佘山天文台台长蔡尚质到青岛，帮助选定观象台台址，并草拟了建筑方案，最终由弗里德里希·里希特设计。德国集资建设的观象大楼，于 1910 年 6 月 11 日动工，1912 年 1 月 9 日竣工。位于观象山顶的观象大楼是一座德国近代古堡式建筑，立面由花岗石砌成，塔楼高 21.6 米，主体 7 层，螺旋状楼梯从内部底层直通塔顶。

德国海军的备忘录中这样记载了观象大楼的布局：“所完成的建筑包括一座主办公楼。内设办公室、宽敞的实验室、图书馆、公共阅览室、存放时钟的恒温地下室、金工车间及其他附属房间。除此之外，地磁观察室也在规划之内。”

整座观象大楼结构严谨，特色鲜明，具有巍峨、雄劲、森严等欧洲中世纪城堡建筑风格，是德租青岛时期的重要功能性建筑之一。在观象大楼正门庭

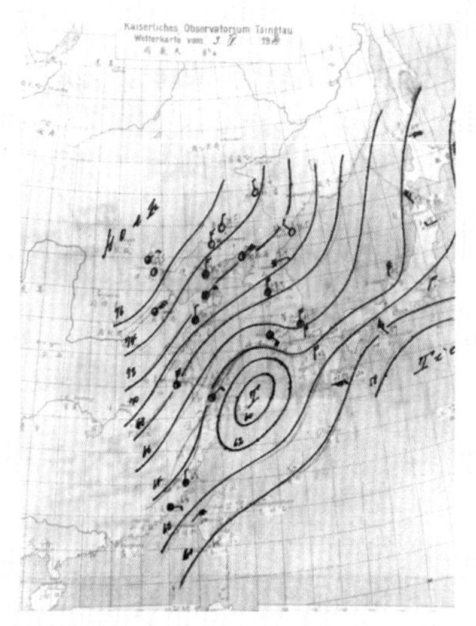

1912 年 4 月，德国人在青岛观象台绘制的第一张天气图

1912 年竣工的七层石砌观象大楼原貌

观象大楼内石碑上镌刻的德语铭文

观象山报时球

壁镶嵌的青玉石碑上，镌刻着一段德语铭文，其中几句大意为：“任凭风暴汹涌，抑或电闪雷鸣。危急时总会向您通报，远航的船舶啊，请放心！”这段铭文揭示了观象台为德军开展航海、军事、贸易等活动提供服务的职责，同时也暴露了德国意图长期霸占青岛、进行殖民侵略的野心。

2. 报时业务遗憾落幕

1898年6月初德侵占青岛后，为了进行天文观测，在“滨海基地”（原清军骧武前营，德占后称“海滨营房”，今湖北路青岛市公安局一带）的一个山丘上设立了一座报时台。1898年9月2日，报时台首次降落了报时信号球。

1905年，在气象天测所迁至水道山之前，为避免气象观测和时球信号操作的中断，1904年夏、秋时节就开始准备工作，并耗时两个月（1905年3、4月）在观象山建成了时球信号架。1905年7月起，时球信号由手动操作升级为电动操作。

观象山报时球每天日落球时间通常是正午时刻，先是提前5分钟将球落到一半以作提醒，两三分钟后再将球升至顶部，直到正点落下瞬间报时。海上的船只可以通过报时球并结合星象来判断方位。

1914 年 11 月初，日德战争接近尾声，德国总督瓦德克见大势已去，命余部炸毁防御设施及重要设备，其中就包括观象山报时球。

3. 天文、地磁、地震等业务相继发展

1904 年，青岛观象台建设天测室，配备中星仪等设备，增加了天文业务。

1905 年，德国设计师迈耶曼博士在观象山设计建造了中国第一座地磁观测房，配备磁力仪和磁力振数仪，主要负责测量青岛及山东沿海地区地磁力，成为中国 20 世纪初的地磁力观测研究基地。地磁房为一平房，房屋为灰、石结构，所用原材料完全按照建地磁房的标准，由经过严格化验检查的石灰石、石灰、木材、铜活页和铜钉等不含铁的材料筑成，且建筑物周围也绝对禁止含铁物质的存在，以确保测量结果的准确性。观象山地磁房于 1949 年重修，2000 年被列为市级文物保护单位。

1909 年，增设地震、地磁、赤道仪和子午仪等设备，增加地磁、地震、潮汐观测、地形测量和太阳黑子观测业务。1910 年，根据业务需要增设地磁感应仪、地磁自记仪设备。至 1914 年，皇家青岛观象台的观测业务涵盖气象、地震、地磁、天文、潮汐及海港测量等多个项目，在规模与科研力量上已能够与香港、上海等东亚著名天文台相媲美。

（三）日占时期业务压缩，主旨服务军事侵略

日本第一次占据青岛时期（1914—1922 年），青岛皇家观象台的名称被改为“青岛测候所”，先由日本海军要港部管理，后依次被日本青岛守备军通信部和日本青岛军政长官公署占据。因战争原因，1914 年 6 月至 1915 年 2 月的气象观测记录均未留存，直到 1915 年 3 月 1 日，日本恢复气象观测并规定实施每日 3 次的定时气象观测。在此期间，气象观测曾因战争受阻，各项观测记录都曾被迫中断。

1916 年 1 月 1 日起，开始将每日 3 次的定时气象观测增至每日 6 次，大幅度增加了观测数据的积累。但是，日本并没有沿袭德国对天文业务的观测，只进行了气象、地磁和地震三项工作。此外，为了调查我国近海的气候状况，以服务其军事掠夺，日本曾在胶济铁路沿线设立多处测候所，并搜集我国海上的气象和海雾报告。在出版物方面，“至一千九百十六年至一千九百二十年及五年年报一本，均系关于气象者，其余均无报告”。

第二节

云龙风虎，气象先驱携手共谋发展

（一）耻辱与抗争：漫长又曲折的接收过程

青岛观象台从外国殖民者手中接收回归中国政府管理有两次过程，两次都是从日本手中接收，相比第二次接收过程的水到渠成和波澜不惊，第一次接收过程的几经变更和漫长曲折更值得书写。

严格说来，第一次接收并不是真正意义上的接管，只是名义上的接收。长达十多年的交涉从接收一开始几乎就注定了青岛观象台命运多舛的结局。在接收过程中充分体现了日方不甘心失败、能多占一天是一天的丑恶嘴脸，这期间除了观测资料观测连续性值得肯定外，从主权角度讲接收并不成功。其漫长曲折的过程令后人难以想象，回忆这些史料至今仍让人唏嘘不已。

1921 年华盛顿会议《九国公约》签署，条约规定：“尊重中国之主权与独立及领土与行政之完整。”会上中国提出废除“二十一条”，收回山东主权，取消外国在华势力范围和一切特权。1922 年 2 月 4 日，在华盛顿会议上，中、日两国签订《解决山东悬案条约》。但是日本以中国没有能让观象台顺利运转的合适人选为由，拒不归还青岛观象台。不过日本人还是留下了最后一道口子——只要时任中央观象台气象科科长的蒋丙然能够同意上任，观象台就可以交回中国。日本人原以为蒋丙然不会同意，没想到蒋先生竟然同意了这个条件。随着 1922 年 12 月 10 日，我国收回胶州湾租界地行政权，划为胶澳商埠，青岛测候所也同时接收，改称测候局，隶属胶澳商埠督办公署。中国政府为了接收青岛，组建了“准备接收委员会”，王正廷任主任，下设若干组，蒋丙然任接收青岛测候所组组长，东南大学教授竺可桢、天文工作者高平子为委员，宋国模为工作人员。

早在蒋丙然被任命为中国政府接收日本青岛测候所的接收组组长之前，闻讯华盛顿会议决议将青岛归还中国的消息后，蒋丙然就利用参加济南职业教育会议的机会，前往青岛调查了青岛观象台的历史渊源。

左起徐汇平、高平子、蒋丙然、宋国模

1922 年 12 月 10 日，蒋丙然同竺可桢、高平子前往青岛与日本所长入间田毅商谈接收事宜，原本应该顺利地接收，中间却经历了很多曲折。竺可桢写于 1923 年 1 月的《青岛接收之情形》中，详细描述了接收气象测候所饱含的种种艰难曲折。首先是语言不通，蒋丙然使用法语而不熟悉英语，日本所长入间田毅则说日语，间或夹杂的英语说得支离破碎。日本原本在青岛测候所共有 12 人，要求中方至少有 10 人才能维持正常的工作，且青岛缺少相关的专业人才，需要从外地抽调专业人才。又说仪器可以归还，但是房屋则属于公产委员会，当由该会接收，此时不能归还。“须知有器械而无房屋，何以贮藏，此拮据之事也”（竺可桢）。在这种艰难情况下，谈判持续了两三个小时。此时日方提出了暂时不能全部将测候所交给中方，因为此前王正廷在北京与日方签署了关于测候所接收规定的两个前提条件。一是所内现有日籍职员，为维持测候业务，仍照常工作，不支取中国政府薪俸；该所之报告与日本测候所以电报交换，中国政府在可能范围内，予以供给及便利。二是将来中国测候人员训练完成，日籍职员交代时，关于与日本测候所联络之办法，再行协定。

竺可桢在回忆文章中认为，日本所谓中国测候人员训练完成等条件，一点着落也没有，所定条约完全是出于日本人的意愿，日本人处心积虑的内心想法很难忖度；并且日本留在观象台的 12 人，通过和他们交流，已经知道底细了，这些人并没有什么高深的学识，只不过是些技师而已。所谓中国没有人才，只不过是日本人的借口罢了。

当天下午，蒋丙然、竺可桢等去见接收委员会副主任汪大桢（王芃生），才知道其中的隐情。所谓人才问题其实是经济问题。原来中国接收青岛缺乏充分的物质准备，因为青岛观象台是一个纯支出机构，维持其正常运转每年至少 3 万元，北京政府方面“极不愿增此负担”，而日本人愿意提供这项支出代为维持运转青岛观象台的一切业务，这就乐得顺水推舟了。

看到这种情形，竺可桢知道事至此已不可为，遂于第二天一早离开了青岛。而此次接收也只落得个在形式上的接收。蒋丙然所能做的“不过落日本国旗，而高悬我国国旗而已”。后来，蒋丙然回忆称：“（青岛观象台的接收）只举行接收仪式，而实际仍由日本人主持，故余又返中央观象台任气象科事。”

观象台的回归仍悬而未决，此后中方多次与日方交涉，王正廷与日使小幡酉吉签订《青岛测候所办法》，允许中国派工作人员入驻测候所，但测候所仍由日本人掌控。1923 年 7 月 12 日，北京政府落实了测候所的经费事宜。1924 年 1 月下旬，蒋丙然在北京再次联络气象、天文界的科技名流竺可桢、高平子等八人齐聚青岛，准备第二次接收测候所。同年 2 月 10 日，胶澳商埠督办熊炳琪委任蒋丙然为青岛测候所所长，下设气象地震、天文磁力两科及事务处。同日督办公署小幡酉吉商定测候所办法八条：“测候所改称测候局，由中方任局长；对日本职员以雇员待遇，予以指挥监督，经费由督办公署支给；气象、地震观测由中方职员担任；地磁仍由日籍职员观测。”1924 年 2 月 15 日，中国正式接收青岛测候所，当日就开展观测工作，各项业务工作正常运转。3 月 1 日，由中国雇员承办全部观测业务。同年 4 月，督办公署改组，测候所改称观象台，蒋丙然任台长，下设天文磁力科、气象地震科及事务处。

在 1924 年 2 月中国全面接管青岛观象台之后，日方并未撤离，而是在原址另成立测候所，借用中方部分设备，继续观测，并把观测数据输往日本国内。对于这一“同居异帜”问题，蒋丙然多次向当局陈请，敦促日籍人员尽快撤离青岛观象台。但当时国内军阀混战，政府软弱无能，这一问题一直悬而不决。由此引发中日之间观象台主权之争，酿成了旷日持久的“观象台日员悬案”。直到1937年“七七事变”爆发后，日方撤退所有在青岛的日侨时，观象台日方人员才完全撤离。但此后不久，1938年1月日本再度占领青岛，观象台再度落入日本之手。

蒋丙然为国家、为民族的气象事业殚精竭虑，其亲历青岛观象台的接收过程，不仅记载了国家的耻辱与抗争，也书写了气象人的悲壮与奋发。蒋丙然成为现代青岛科学史上的一位拓荒性人物。在担任青岛观象台台长的14年里，蒋丙然重视国际天文合作与交流，大力培植气象人才，在青岛建立海滨生物研究所、青岛水族馆等中国海洋科学研究机构和海洋知识普及展馆，为青岛的未来城市发展奠定了蓝色基调，也为青岛的天空和海洋涂上了科学和理性的灿烂光芒。

（二）进步与发展：中国气象学会应运而生

1. 中国气象学会诞生地——青岛观象台

1913年5月，日本东京天文台在东京举办东亚气象会议，讨论远东采用统一的风暴预警和电报信号，邀请上海徐家汇观象台（法属）、皇家香港天文台（英属）、皇家青岛观象台（德属）台长参加，而中央观象台并未获席位与会。临近会期，时任中央气象台台长高鲁通过向各台长询问才得知此消息，因时间紧迫，高鲁不得已自费赴东京参会。会上得知，日方先前已向中国海军部发出请柬，邀请上海徐家汇观象台台长出席。自东京归国后，高鲁对当时政府不重视创办独立自主的气象事业，致使我国国际气象界地位缺失深有感触。为改变西方传教士掌控我国气象事业的局面和推动我国独立自主气象事业的建设，高鲁力邀时任苏州垦殖学校教务长的农业气象博士蒋丙然筹划中央观象台气象科并组织中国气象学会。这便是中国气象学会创立的起点。

以蒋丙然为代表的气象界仁人志士从建立中华民族气象科学事业的意愿出发，积极酝酿组织创建中国气象学会。然而，当时气象学在我国尚未普及，气象人才匮乏，因此创立中国气象学会的时机尚不成熟，他们决定先从介绍近代气象科学知识和培养气象人才入手。当时的中央观象台编写出版了《实用气象学》《通俗气象学》等一批气象科学知识书籍，并于1913年刊行《气象月刊》，1915年又创办了《观象丛书》（介绍气象、天文、地震、地磁等方面知识的综合性月刊），传播和普及欧洲先进气象科学知识和思想。中央观象台还开办了多期气象观测技术人员训练班，培养出一批气象技术人员，逐渐形成气象学者群体，设立了多处气象台、站。1914—1924 年，历经 11 年的酝酿，中国人自办的气象事业已蹒跚起步，创建中国气象学会的时机已然成熟。

1924 年初，时任北京大学校长蔡元培、胶澳商埠督办（原北洋政府交通总长）高恩洪、中央观象台台长高鲁、胶澳商埠观象台台长蒋丙然、中央观象台气象科科长彭济群和天文科科长常福元、东南大学地学系主任竺可桢、上海震旦学院天象学教授高平子等要员、名流学者几经函商，以“谋气象学术之进步和测候事业的发展”为宗旨，共同发起组织中国气象学会，此议得到国内气象界人士的积极响应。

经过紧张的筹备，结合当时国内军阀混战的状况，为表明学会会员与国共存、渴望气象事业能在安定的政治环境下发展的愿望，选定 1924 年 10 月 10 日中华民国“国庆日”在青岛胶澳商埠观象台办公处召开了成立大会。大会推选高恩洪、张謇（南京政府实业总长、国人自办第一家气象台南通气象台台长）、高鲁为名誉会长，蒋丙然为会长，彭济群为副会长，竺可桢、戚本恕（青岛海军转运局）、常福元、高平子（胶澳商埠观象台天文磁力科成立后，高平子任科长）、凌道扬（胶澳商埠农林事务所所长）、宋国模（胶澳商埠观象台职员）为理事，陈开源（胶澳商埠观象台职员）为总干事。学会首批团体会员 6 个，个人会员 31 名。

会议决定将学会会址设在青岛。1925 年出版的《中国气象学会会刊》创刊号上刊载了《发起中国气象学会旨趣书》，文中阐述了选择青岛作为学会诞生地缘由：以此作为接收德日所管青岛测候所纪念，一洗旧日耻辱，以示我国气象同仁共同开创独立自主气象科学研究和气象事业建设伊始，并号召海内外气象同仁携手并进，为此共同奋斗。

2. 中国气象学会在青岛的活动

中国气象学会自成立后，克服重重困难，着手开展了一系列卓有成效的工作，先后于 1924 年的 10 月、11 月、12 月和 1925 年的 3 月、5 月、6 月、7 月和 8 月在青岛举行了八次全体理事会，就中国气象学会理事会、编辑委员会、学会的书记干事职员的办事规则、计划书和发展新会员、制备会证会章、学会的会徽等事宜进行审议并做出决议，还研究兴办全国各地气象测候所意见书的议案，并对新加入会员案、拟计划兴办全国气象事业案、学会经费案等提出详细计划。此外，分别于 1925 年 9 月、1926 年 8 月、1927 年 10 月和 1928 年 12 月在青岛胶澳商埠观象台举行了四届年会。学会会址直到1947年经第十四届年会修改学会章程时才改设南京（1937年抗日战争全面爆发后，日军再次占领青岛，学会随国民政府先后内迁汉口、重庆等地，但会址仍设在青岛），1949年后又北移北京。

中国气象学会的成立，对中国近代气象事业的发展产生了深远的影响，不仅促进了气象科学的发展，也带动了其他学科的发展。改变了当时我国气象事业虽有所发展，但因幅员辽阔、气候特征多样，导致机构日渐林立，相互间各自为政、缺乏往来和统一管理的情形，搭建了气象学者群体进行学术研究和交流的平台，在各气象团体互通有无、紧密联合、通力合作，统一气象电码和规范气象统计口径，提高观测数据精确度等方面均发挥了重大作用，并坚持通过各种渠道持续开展活动，指导我国气象业务的发展，使现代气象学在中华大地上生根、发芽、开花、结果，极大地推进了中华民族气象事业的发展。

新中国成立后，中国气象学会也是最早恢复工作的全国性自然科学学会之一，并仍将青岛作为学会的重要活动基地，先后多次在青岛举办全国性学会活动，如：20世纪50年代在青岛召开了数次理事会扩大会议；1990年、1998年在青岛举办了第二十二届、二十四届全国会员代表大会；2014年携手海峡两岸气象界同仁在

中国气象学会诞生地——海军北海舰队海洋水文气象中心近景

中国气象学会理事长伍荣生院士向海军北海舰队海洋水文气象中心颁发“中国气象学会诞生地”纪念标志牌

青岛召开中国气象学会成立 90 周年大型座谈会；2019 年在青岛主办了青年科学家论坛活动；等等。中国气象学会作为国家推动气象科学技术事业发展的重要力量，也成了党和政府联系气象科学技术工作者的桥梁和纽带，成为由气象科学技术及相关科学技术领域的单位和科技工作者自愿组成，以促进气象科学技术发展和普及为宗旨的全国性、学术性、非营利性，并在国内外具有重要影响的社会团体和科技社团。

第三节
穹台窥象，逆境求生演绎惊世风华

（一）中国第一次管理时期（1924—1938 年）

1924 年胶澳商埠督办公署令将青岛测候所改名为“胶澳商埠观象台”，蒋丙然改任台长。1925 年 7 月，胶澳商埠督办公署改名为胶澳商埠局，并由北洋政府中央直辖改属山东省府，胶澳商埠观象台的名称遂改为“胶澳商埠局观象台”。1929 年 4 月，国民政府接管胶澳。1929 年 7 月 2 日，胶澳商埠撤销，原辖区正式命名为青岛特别市，胶澳商埠观象台改为“青岛特别市政府观象台”。1930 年 5 月，国民政府废除特别市组织法，仍令定为“青岛市”，同年 9 月 5 日，青岛特别市政府观象台又改称“青岛市观象台”。

1. 成为中国气象事业发展的骄傲

1924 年 3 月 1 日至 1938 年 1 月 10 日，青岛市观象台收回后的 14 年里，在台长蒋丙然的领导下开展了许多气象业务和有国际影响力的科研活动。

开展气象观测业务。蒋丙然率先开辟观测场，还自己设计并制造了量雨计和英式百叶箱，又从国外购置毛发湿度计、空盒气压表及干湿球温度表等设备仪器，他坚持每天亲自观测温度、湿度和气压各 3 次。此外，观象台还委托青岛近郊浮山所等七处学校代为测量气象数据，以增加资料网点。气象观测场初具规模，值班规则、观测制度相继确立，气象要素按时观测，这便是我国气象观测事业的开端。为响应国际极年学会开展高山气象探测的要求，青岛市观象台在崂山明道观设立高山测候所，在薛家岛、阴岛、丹山、登瀛、红石崖等处设立测候所或雨量站。1932 年，从法国购置高空观测经纬仪、气球、方向距离盘，每天一次进行小球测风观测（将观测结果编发测风气象电报），开创高空风探测业务。

重视天气预报服务工作。1927 年实施制作天气预报，成立天气预报研究委员会，专门研究天气预报理论和技术问题。

1931 年高空探测

重视人才培养和学术研究工作。青岛观象台与在青岛的山东大学物理系合作，成立气象学组，蒋丙然及台内高级技术人员兼任气象课教授，以观象台为基地，边教、边学、边做。结合观测、预报业务的实践开展气象科学学术研究，取得很多成果，代表性著作有：蒋丙然的《云与天气》《青岛气温之研究》，魏元恒的《中国上空气流之研究》、王应伟的《新天气图制作法》等。

重视探测环境的保护工作。1925 年，为了确立观象台地界和保护观象山环境，蒋丙然台长从百年大计着眼，以保护测候环境为由，于同年 2 月函告青岛市政府官产管理处，呈请派员会同勘定观象台的四周界限，禁止私人租地建筑，并取消原有的建房租地。青岛市政府以第 1592 号命令批复观象用地的《观象山界址图》面积为 62120 平方米，合 93.2 亩。1930 年 9 月，蒋丙然又呈请青岛市政府，建议将观象山开辟为公园，对外开放。1932 年，建观象山公园。

中国第一次管理时期的青岛市观象台主权在中国，人才济济，发展较快，设备和技术非常先进，国内其他台站无法比拟，业内人士将其视为当时中国气象事业发展的骄傲。

2. 开创我国近代海洋研究之先河

中国近代海洋研究起步于青岛观象台，蒋丙然则大大促进了海洋研究工作的开展。1928 年初，时任北京大学教授的宋春舫暑假来青岛避暑，寄居在蒋丙然家中。闲谈中，宋春舫提及他曾参观摩纳哥海洋博物馆与水族馆，其致力于海洋的研究颇值得借鉴。两人对当时新兴的海洋学都很感兴趣，认为就青岛三面环海的自然环境而论，应当开办一个海洋研究所。

于是，宋春舫先以个人名义写了一篇《海洋学与海洋研究》的文章，刊登在上海《时事新报》上。文章发表后，引起青岛市政当局的注意，加上蒋丙然从旁积极鼓动，于是，1928 年 11 月 15 日，青岛观象台的海洋科便诞生了，宋春舫被委任为首任科长。

海洋科成立后，蒋丙然积极筹措经费，购置各种探测海洋的仪器，海上调查等海洋科学研究工作陆续开展了起来。海洋科每月借用警察厅的靖澳舰，在胶州湾内进行海洋调查，内容包括观测海水温度、采集水样、挖取海底沉积物、采集海洋生物标本等。为改变以前海水化验和海底沉积物化验需假手外人的不便，海洋科还建立了一个简易的理化分析实验室。此外，还观测海洋潮汐，根据历年记录编制潮汐表，服务于渔业及航运。1930 年 11 月，海洋科开始编辑发行中国第一份海洋科技刊物——《海洋半年刊》，至 1934 年已刊发 10 期。

蒋丙然对海洋科的研究成绩及有关海洋研究图书资料极为重视，例如，将朱祖佑的《胶州湾潮汐之研究》、刘靖国的《胶州湾海水温度》等论文译成英文，送到第五次太平洋科学会宣读，以期扩大国际影响，并以此交换图书资料。此外，设法选购海洋学方面的巨著，到 1933 年，青岛观象台有关海洋学的书籍已达百余种。蒋丙然主持操办的这些工作，为我国海洋科学的研究和发展打下了坚实基础。

3. 天文、地磁、地震等走向世界

1925 年，观象台向法、德等国订购了部分气象、天文及地震观测设备，新建圆顶“赤道仪室”。为全面掌握全国地震情况，向各省、市、区、县搜集地震资料 500 余件。

1926 年 10 月 2—30 日，观象台参加由法国组织的第一届“万国经度测量”活动，对观象山东部山巅观测点进行了经度测量，测量结果得到国际经度测量委员会主席的专函称赞。1933 年 10 月 1 日—11 月 30 日再度应邀参加了第二届万国经度测量工作，以优异的成绩为中国赢得了荣誉。

1927 年，改革授时午炮施放办法，改为电音报时。

1931 年 10 月，蒋丙然等在观象山西山巅，建造了中国自己的第一座大型天文观测室，建筑高 14 米，顶部为直径 7.8 米的球形钢木结构，内置法国制造的天图式赤道仪。1932 年，我国引进的第一架 32 厘米天体照相望远镜投入使用，中国天文事业由此步入现代行列。

1935 年，高平子出席国际天文学联合会在巴黎举行的第五届大会，敦促大会接受中国为正式会员国，中国天文界由此正式跻身于国际天文界之列。

蒋丙然等在青岛建设的天文台外景

1936 年，为统一全市时政，当局以观象台的电钟为母钟，在中山路、胶州路、辽宁路等主要路口安装 15 座子钟，供市民随时核对时间。

（二）第二次日占时期（1938—1945 年）

1937 年 12 月，日军逼近青岛前，青岛市观象台奉命撤退，蒋丙然台长拟将贵重仪器及天文望远镜镜头装箱运往后方，但因交通中断，只得存放于第一旅社。1938 年 1 月 10 日，日本海军陆战队不费一枪一弹从沙子口登陆，进入青岛。日本海军再次占领青岛观象台，他们再次扯起一直未撤的“青岛测候所”旗子，取代青岛观象台，伊藤小五郎任测候所所长，年底又换比嘉正熊接任。此时的青岛测候所，先后隶属于日本海军司令部、兴亚院青岛出张所及日本驻青岛总领事馆。

日本第二次占领后的青岛测候所，自 1938 年 2 月 1 日起，恢复气象观测，每日观测 6 次；恢复高空气象探测，添设探空仪，直接观测高空的气压、气温、湿度、风向和风速等气象资料；停止天文、磁力和海洋观测。

1941 年 10 月，增加无线电探空业务。1942 年 5 月，设立沧口机场测候所；1942 年 10 月 28 日，恢复小球测风观测，进行高空气温、气压和湿度探空观测；1943 年 5 月 1 日，崂山测候所正式成立并开始观测。日本还将青岛水族馆改为水产讲习所，海洋产业馆改为山东产业馆。大港验潮井遭废弃填塞，天文观测、地震观测、地磁观测均已中断，日方还欲将贵重仪器设备掠回日本。日本投降前夕的青岛测候所一片颓败景象。

1945 年 8 月 15 日，日本宣布无条件投降，历时 14 年的侵略战争，以彻底失败而告终，中国取得抗日战争的完全胜利，第二次世界大战也以世界反法西斯战争取得胜利而结束。

（三）中国第二次管理时期（1945—1949 年）

1945 年 9 月 25 日，国民政府驻青岛海军司令部派少将余振兴率员接管“青岛测候所”，后于 1945 年 12 月由海军移交青岛市政府，并恢复“青岛市观象台”名称，市政府派总务科科长庞希俊暂时接管、代职。1946 年 1 月，王彬华（曾用名：王华文）任职观象台台长，同时兼任国立山东大学物理系教授之职。据王彬华回忆性文章介绍，他早年曾随蒋丙然先生在青岛观象台实习，那时青岛观象台的仪器设备都很先进，但是当王彬华再次以台长身份来到观象台时，看到的却是满目疮痍，很多观测仪器都被日本人破坏。

面对千疮百孔、百废待兴的局面，王彬华采取“先恢复再发展”的策略，带领全台同仁奋力开展整理、修补、扩建等工作，各项业务逐渐恢复并得以发展。

一是维持观象台的日常业务进行。1946 年 1 月 12 日，寻回 22 厘米和 32 厘米观测天体的天文望远镜镜头，《青岛民言报》对此进行了详尽报道；1 月 18 日，呈请青岛市政府交涉领回广西路 14 号房产。2 月 1 日，附属的青岛水族馆开始办公，准备重新对外开放。同一日，青岛观象台开始发布气象月令。为不使观测记录中断，留用 3 名日籍技术人员，至 11 月 4 日，才将 3 人遣返回国。从 3 月 1 日起，恢复气象观测业务。5 月 11 日，呈报青岛观象台及其附属机关抗战时期损失估值。7 月 11 日，奉青岛市政府令，进行抄发修正组织规程，12 日呈送观象台的办事细则及会议简则。7 月 25 日，恢复高空小球测风，增加测云气球业务。8 月起，观象台职员增加 6 名。

二是重视天气预报发布工作。青岛观象台自 1946 年 7 月 15 日起开始公开发布天气预报，各家报纸辟专栏刊登气象预报；自 9 月 10 日起，对气象广播、波长、时间进行重新规定；9月，出版青岛观象台1946年1—7月各月观象月报。1947年4月17日，应中央气象局要求，为加强天气预报，青岛观象台每日两次报发气象电报。6月，青岛观象台装设天气信号、印发天气信号说明书，并开始发布台风警报、警示天气信号。此外，气象广播电台也启用了。这一时期，青岛观象台的天气预报工作涵盖中国四海和所有省市区，同时对各大都市、省会及交通要地50余处的天气实况传递广播，并用国语报告天气形势、气象预报和本地气象实况，每日对外播放1～10次。

三是着手开展农业气象研究。1948年1月1日，青岛观象台与青岛农林事务所合作设立的李村测候所建成并开始观测。

四是注重科学研究。1946—1948年，青岛观象台在全面铺开的业务工作实践中，出现了一次科学研究的新高潮，主要成果有王彬华的《青岛天气》、杨开森的《青岛之雾》、王钿的《台风袭青记》、孙月浦的《五十年来之青岛气候》，朱祖佑的《胶州湾海洋调查概况》、崔开基的《太阳黑子预告》、刘翰非的《近40年青岛的地磁变化》等论文。此外还出版了许多书刊，如《学术汇刊》《观象月报》《月及月蚀》《潮汐表》等。1948年，适逢青岛观象台成立五十周年，青岛观象台编辑出版了一部集学术资料、论著、文献于一体的近百万字的《青岛市观象台五十周年纪念特刊》。

《青岛市观象台五十周年纪念特刊》

抗战胜利后的青岛观象台迅速恢复和发展，拥有30余名科技人员，成为一个从事气象、天文、海洋、地震、磁力的多学科的综合性学术机构，下设三科四室，以及青岛水族馆、李村测候所、崂山高山测候所。

第四节
百花齐放，青岛气象呈现盎然生机

（一）历史沿革

1949 年 6 月 2 日，青岛解放。青岛市观象台由中国人民解放军青岛军事管制委员会接管，1950 年 3 月改由华东空军司令部气象处领导，同年 10 月，划归中国人民解放军海军青岛基地管辖，改称“海军青岛基地观象台”。该台除担负军事气象保障外，还承担地面观测、高空探测国家气象发报站任务，以及为地方政府决策和公众气象服务的任务。

1949 年 6 月 2 日，青岛市观象台所辖青岛水族馆与山东产业馆由青岛市军管会文教部接管。1950 年，青岛水族馆与山东产业馆合并，成立青岛人民博物馆（今青岛海产博物馆）。同年，原青岛市观象台所辖海洋研究所划归中国科学院，取名“中国科学院水生生物研究所海洋生物研究室”（今中国科学院海洋研究所）。1957 年，原青岛市观象台的天文、地磁、地震三部分移隶中国科学院，定名为“中国科学院紫金山天文台青岛观象台”。

1959 年 7 月 5 日，经山东省人民委员会批准，山东省青岛海洋水文气象服务台成立。自此，国家气象部门在青岛开始正式设海洋气象机构。

建台初期，工作地点位于青岛市东南部的小麦岛，该岛离岸边约 1000 米，涨潮时岛被海水包围，落潮时露出一个沙岭，可通陆地，大部分同志住在防空洞里，工作和生活环境十分艰苦。1960 年 7 月，除气象和海洋水平观测人员留在小麦岛继续观测外，其余人员迁入市区新建业务楼（伏龙山 4 号），工作条件得到改善。

1960 年 10 月 1 日，北海舰队海洋气象区台（原海军青岛基地观象台）将为地方政府决策和公众气象服务任务移交至青岛海洋水文气象服务台。同日，青岛海洋水文气象服务台正式发布天气预报。

1961 年 2 月，按照中央气象局指示，原由海军移交至青岛海洋水文气象服务台的大、小麦岛海浪观测台的人员、设备、房屋、资料等，交由中国科学院海洋研究所管辖。同年 10 月，山东省农业厅批复同意青岛海洋水文气象服务台在小麦岛征用土地，重建气象观测场、验潮室、波浪室，继续开展海洋水文气象观测。

1960 年建成的青岛海洋水文气象台

1962 年 10 月，青岛海洋水文气象服务台接管原属青岛市水产局管辖的千里岩海洋气象站。

1965 年末，按照中央气象局指示，青岛海洋水文气象服务台将海洋水文业务（其中包括水文预报组、小麦岛观测站、千里岩海洋气象站及人员 27 人）移交至国家海洋局北海分局。1966 年 1 月 1 日，青岛海洋水文气象服务台更名为“山东省青岛市气象服务台”。

1971 年，气象部门实施军队与地方双重领导、以军队领导为主的管理体制，山东省青岛市气象服务台移交至青岛警备区管理，改称“青岛市气象台”。1973 年 9 月，青岛市气象台划归青岛市革命委员会领导。

1974 年 1 月 1 日 0 时起，青岛市气象台接替海军北海舰队海洋气象区台承担地面观测、高空探测国家气象发报站任务。至此，青岛市气象台成为国家基本气象观测站（站号为 54857）。

1976 年 4 月 12 日，经青岛市革命委员会批准，青岛市气象局成立。

1978 年 12 月起，因烟台地区即墨县，昌潍地区胶县、胶南县划归青岛市管辖，青岛市气象局开始对即墨县气象站、胶县气象站、胶南县气象站实施业务管理。

1979 年 12 月，青岛市气象局下设青岛市气象台。

1980 年 11 月 6 日，青岛市气象局由青岛市人民政府移交至山东省气象局管理。同年 12 月，胶县、崂山县、胶南县及即墨县气象站由所在县人民政府移交至青岛市气象局管理。

1983 年 9 月 23 日，山东省行政区划和领导体制调整，原昌潍地区平度县气象站、原烟台地区莱西县气象站划归青岛市气象局管理。

1984 年 1 月，青岛市气象局实行“局台合一”“一个机构，两个牌子”。

1987 年 11 月，青岛市气象局所属崂山县、即墨县、胶县、胶南县、平度县、莱西县气象站更名为气象局，实行局、站合一。

1986 年，国务院批准青岛市为计划单列市。经国家气象局和青岛市人民政府批准，青岛市气象局从 1987 年 1 月 1 日起在国家气象事业中实行计划单列。

2010 年 1 月，青岛市机构编制委员会批准组建青岛市人民政府人工影响天气办公室，为地方处级事业单位，由青岛市政府办公厅和青岛市气象局领导，青岛市气象局负责日常管理。

2012 年，山东省气象局将青岛列为率先基本实现气象现代化试点城市。青岛市气象局抓住这一机遇，努力推进气象现代化建设，于 2017 年圆满完成率先基本实现气象现代化的目标。

2018 年 1 月 8 日，青岛市机构编制委员会办公室批准市政府人工影响天气办公室加挂青岛市突发事件预警信息发布中心牌子。

青岛市气象局现址

（二）气象业务服务发展情况

1. 气象监测体系

新中国成立以后，海军青岛基地观象台于 1954 年 1 月 1 日恢复高空气象探测，并承担国家气象观测发报任务。1974 年 1 月 1 日起，青岛市气象台担负起高空探测的国家气象发报业务。

青岛海洋水文气象服务台建台初期，地面观测站点有 3 个：小麦岛观测站（1959 年 7 月 1 日至 1965 年 12 月 31 日）；伏龙山观测站（1961 年 1 月 1 日至今）；千里岩海洋气象站（1962 年 10 月 11 日至 1965 年 12 月 31 日）。伏龙山观测站作为国家一般气象站，1959 年 7 月 1 日起每日进行 08、14、20 时 3 次气象观测，于 1974 年 1 月 1 日起升级为国家基本气象站。崂山、莱西、平度、胶州、黄岛（原胶南）、即墨 6 个地面气象观测站先后于 1948—1964 年设立。2020 年 1 月 1 日，7 个观测站全面实现地面气象观测自动化运行。

为提高近海、地面气象观测和高空探测的精密度，青岛市气象局加快实施气象现代化建设，于 2003 年起布设自动气象站网、闪电定位系统、水汽探测系统、大气环境监测系统、L 波段二次测风雷达、新一代多普勒天气雷达、卫星遥感监测系统、农业气象监测系统等，至目前全市建成各类探测设备 223 台套，形成立体化、自动化的综合气象观测网。

新一代多普勒天气雷达于 2004 年 11 月投入业务运行。该天气雷达为全相干多普勒天气雷达，最大探测半径为 460 公里，提高了对暴雨和灾害性天气系统的位置及强度预报的准确性。

2. 气象预报预测体系

新中国成立初期，青岛天气预报及服务由海军青岛基地观象台承担。自 1960 年 10 月 1 日起，青岛海洋水文气象服务台接替承担起青岛的天气预报和服务。

20 世纪 60 年代，青岛气象部门配备了短波无线电收报设备。报务人员需要以摩斯密码的形式，接收中央气象台以及欧亚地区各气象站的地面和高空气象数据资料，并据此填写天气图。为提高出图效率，许多报务人员苦练业务技能，实现“抄填合一”，即在接收无线电信号的同时，将电报码直接转换成天气符号填写在天气图上。

直至 1974 年 4 月，青岛气象部门开通了电信专用线路，抄写电报码的历史最终画上句号。20 世纪 80 年代中期至 90 年代末，在原有天气图预报方法的基础上，结合数理统计、卫星云图、数值天气预报产品应用和模式预报等，制作短期天气预报。进入 21 世纪，短期天气预报制作发展到以数值天气预报为基础，以人机交互处理系统（MICAPS）为平台，综合应用卫星云图、天气雷达信息、数理统计和模式预报等多种技术方法。2004 年引进了 MM5 中尺度数值预报系统。2005 年 7 月 1 日，引进中国气象局全球同化预报系统（CMA-GFS），对提高短期天气预报准确率起到了重要作用。

至目前，青岛市气象台建立起从短临、短期、中期、延伸期（11 ～ 30 天）、月、季到年的无缝隙预报业务，暴雨、强对流、海雾、寒潮、高温等灾害性天气监测预报预警能力不断增强。建成市县一体化业务平台，业务集约化水平得到明显提升。基于人工智能的核心预报技术取得进一步突破。开展降水、能见度等气象要素客观预报技术方法攻关，建立气象要素预报空间分辨率达 5 公里、时间分辨率达 1 小时的精准化海陆协同智能网格预报业务。

3. 公共气象服务

青岛市气象局自成立以来，始终将为各级党政部门防灾减灾救灾、经济建设、发展生产等提供各项决策服务。20 世纪，主要通过报送天气专报、电话汇报以及向各级领导当面汇报等形式进行决策服务。21 世纪，逐步建立了决策服务网、手机短信平台、视频会议系统等渠道，提高了气象应急响应能力，为全市指挥抢险救灾提供了重要的决策依据。1985 年第 9 号台风在青岛直接登陆，青岛市气象局提前 72 小时发布台风消息，及时为全市防御台风提供跟踪服务，使灾害损失降到最低，被市政府授予“抢险救灾模范集体”称号。1989 年 8 月 12 日上午，黄岛油库因雷击引发火灾，青岛市气象局全力以赴组织加密观测，投入灭火抢险服务，受到国务院领导和省市领导表扬。近年来，精心做好 2018 年台风“温比亚”、2019 年台风“利奇马”、2020 年“7·22 暴雨大风”等重大天气服务以及浒苔处置、森林火灾等突发事件气象服务，充分发挥了防灾减灾第一道防线的作用。

青岛每年举办的重大活动多，气象保障任务繁重。春运、海洋节、啤酒节、马拉松、帆船赛等节庆气象服务均取得良好的社会经济效益。近年来，圆满完成 2018 上海合作

2018上海合作组织青岛峰会气象服务保障现场

火箭增雨作业

组织青岛峰会、第24届省运会、第10届省残运会、2019海军节、海上卫星发射等重大活动气象服务。

青岛气象台聚焦海洋强国、“一带一路”倡议、智慧城市、乡村振兴等建设，大力发展特色气象服务。完成了海洋气象预警中心建设；面向港口作业区、交通航行区、滨海旅游区等各类海洋功能区，打造全新的海洋气象服务综合业务平台；建立完善城市气象服务平台，实现智能网格预报产品落点精确到街道和社区；编制乡村振兴战略气象服务实施方案和灾害防御指标集及规范性文件，与农业部门联合发布农用气象预报、农业气象灾害预警信息；加强生态文明气象服务，与环保部门建立联合会商、资料共享、科研合作、信息发布、应急联动机制，建立环境气象业务平台，开展区县级空气质量预报。

青岛气象台建立了现代化人工影响天气作业体系。为缓解旱情，1976年6月7日开展了历史上首次人工增雨作业。1977年首次动用炮艇在海上进行人工增雨作业。1980年，人工增雨作业实验停止。1989年，人工增雨作业恢复，并首次开展了飞机增雨作业，目前租用“空中国王C90”型飞机开展常态化增雨作业。2010年秋至2011年春，青岛遭遇了秋冬春三季连旱，市政府人工影响天气办公室成功组织了2架飞机开展增雨作业，很大程度缓解了旱情，受到市政府表彰。

拓展了公众气象服务领域。1956年6月1日起，海军青岛基地观象台制作天气预报，并通过青岛人民广播电台和《青岛日报》向社会公众发布。20世纪60年代以来，青岛市气象台逐步探索预报预警信息发布渠道，青岛公众可通过电视、广播、报刊、电话、网络以及手机短信、微信等媒介随时了解各类气象信息。1990—1992 年，青岛市气象台在全国城市电视天气预报质量评比中连续 3 年荣获全国第一名。目前，青岛市气象台除每天发布天气预报外，还向社会公众发布空气质量预报、晨练指数、紫外线指数、医疗气象指数、人体舒适度指数、城市生活气象指数、交通气象预报、森林火险预报等气象服务产品。

（三）百年前珍贵气象资料回归青岛

2014 年 4 月 8 日，德国气象学会主席若斯哈根女士在青岛市气象局会议室，将一摞气象资料交到青岛市气象局局长顾润源手中，标志着 100 多年前德占时期的珍贵气象历史资料正式回归青岛。

2011 年暑期，德国海岸带研究所所长汉斯教授到中国海洋大学进行学术访问与交流，向中国海洋大学有关教授赠送了 1898—1909 年德国人在青岛观测的气象历史资料电子版。

2012 年 9 月，中国海洋大学的傅刚教授和陈学恩教授去德国访问，9 月 12 日在汉斯教授的引荐下，见到了时任德国汉堡气象台台长的若斯哈根女士。在他们安排下，在汉堡气象局大楼的阁楼上见到了存放于此的青岛气象历史资料原件。

傅刚教授回国后把在汉堡气象局见过珍贵气象历史资料的情况通报给了青岛市气象局局长顾润源。2013 年 6 月 23 日，在汉斯教授来青岛参加活动期间，顾润源邀请他到市气象局进行座谈。汉斯教授说，根据德国法律，中国有权索要这些资料，并且别的国家有成功的先例。

在德国气象学会主席若斯哈根女士、汉斯教授，中国海洋大学、青岛市气象局等部门领导和专家们的共同努力下，存放在德国汉堡气象台的青岛部分气象原始记录（1898—1909 年）得以完整地回归青岛。

2014 年 5 月 20 日，为妥善保管这些珍贵气象资料，青岛市气象局将其送交青岛市档案馆永久保存。

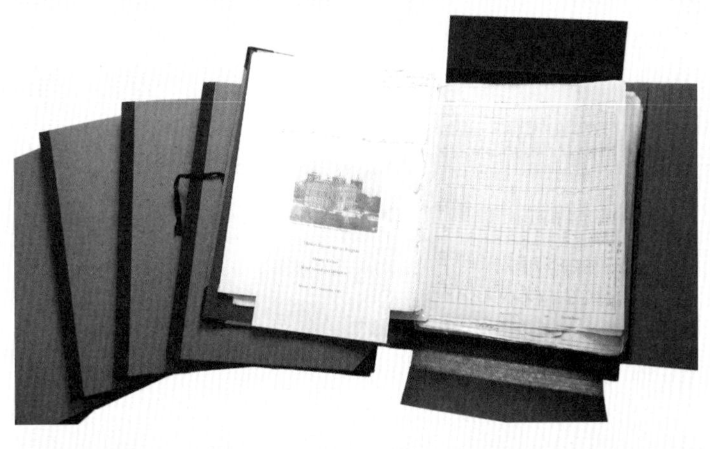

青岛气象历史资料

青岛气象历史资料在德国存放处

青岛气象历史资料回归交接仪式

第五节
新时代青岛气象发展展望

百年风云激荡，早期的青岛气象事业伴随着中华民族的苦难历史，走过沧桑的历程。新中国成立后，青岛气象事业焕发了生机，以部门为主的双重领导体制以及双重计划财务体制逐步完善，地方气象事业不断发展壮大，在综合监测、预报预测以及公共服务体系建设方面发生了历史性的变化，取得了辉煌的成就。2008 年，青岛市气象局迎难而上，积极开拓，集全国气象部门之力出色地完成了奥帆赛残奥赛气象保障任务，开启了气象现代化建设的新征程。2018 年、2019 年，青岛市气象局顺利完成率先基本实现气象现代化的目标，利用智慧气象平台、人才科技优势，更加从容地谋划做好上合峰会青岛峰会、多国海军活动等重大服务保障。

站在新时代新起点上，青岛市气象局科学谋划“十四五”发展目标，决心立足新发展阶段，融入新格局，以保障生命安全、生产发展、生活富裕、生态良好为主要方向，以持续推进“监测精密、预报精准、服务精细”为主要任务，力争整体实力进入全国前列，近海海洋气象服务尤其是海雾、海上大风等精细化监测预报服务能力达到全国领先水平，为气象强国建设贡献青岛力量，展示青岛气象人风采。

第四章 南京国家基准气候站

2020 年，南京国家基准气候站被世界气象组织（WMO）认定为百年气象站。南京国家基准气候站近代的气象观测始于 1904 年，悠悠百年，历尽沧桑，印证了新中国气象事业的兴起。

第一节
观天测象，绘就世界气象观测大篇章

中国近代气象科学的发祥地——北极阁，又名钦天山、鸡鸣山、鸡笼山，是一座海拔 67 米的小山，位于有着“十朝都会”美誉的南京市城内，地势高旷，山巅平坦，视野开阔，适合建造观象台。南京市北极阁在中国古代气象观测史和世界气象发展史上有着举足轻重的地位。

南京市北极阁的气象观测最早可追溯至南北朝刘宋年间。南京大学考古与历史学专家蒋赞初在其著作《南京史话》中有一段描述：“南宋时帝王在鸡笼山腰及附近大规模扩建皇家花园——华林园，又在鸡笼山的最高处筑有‘日观台’，又名‘司天台’，作为观测天文和气象的地方，这也可说是今北极阁气象台的最早开端。”根据书中记载，南朝一些科学家长时期在鸡笼山上的司天台观天测象，这可以说是南京最早的测候机构。天文学家何承天、祖冲之等人曾常年活动于鸡笼

南京市北极阁（2018 年摄）

山、九华山及附近的国学馆，修订《元嘉历》《大明历》等中国古代历法。

元朝以后，各朝相继在此修建观象台，史料比较丰富。明嘉庆《江宁府志》载：“观象台，元至正元年（1341 年）建，明改为钦天山。”明朝《一统志》载：“设司天台於鸡鸣山上。”明史《天文志》载：“洪武十八年（1385 年），设观象台於鸡鸣山。”

元朝时用的观象仪器，乃太史郭守敬所制，沿袭至明清。明史《天文志》记载：“钦天监之立运仪、正方案、悬晷、偏晷、盘晷诸式，俱备于观象台，一以元法为断。”

明代葛寅亮撰写的《金陵梵刹志》中，绘有鸡鸣寺及观象台图像，其建筑甚为壮观。万历二十六年（1598 年），意大利天主教耶稣会传教士利玛窦重游南京时，曾参观钦天山观象台。当时观象台的观天者 24 小时不间断地进行观测，然后上报资料，天文仪器则有铜制天球、日晷、相风杆、浑天仪、简仪等，结构精巧绝伦。对此，利玛窦极

长干里客 1888 年版“金陵四十八景图”之“鸡笼云树”，
展示了清乾隆时期的北极阁盛景

中国北极阁气象博物馆及竺可桢先生塑像（2018 年摄）

叹美之。那时，英国伦敦（1675 年建格林尼治天文台）和法国巴黎（1667 年建巴黎天文台）尚未建造天文台。

1685 年，康熙皇帝第六次南巡到江南，由曹寅陪同参观了鸡鸣山观象台，登台远眺，亲笔题下“旷观”，至今仍保存在中国北极阁气象博物馆内。

观象台的仪器后于清康熙年间迁移到北京，观象台逐渐荒废。

1928 年，竺可桢在南京北极阁筹建中央研究院气象研究所，建立了中国近现代第一个国家气象台，北极阁因此成为了中国近现代气象科学的发祥地。一直到 1958 年，北极阁上才停止开展气象观测业务。

2010 年 3 月，中国第一个气象专业性博物馆——中国北极阁气象博物馆在此建成。

第二节
辗转曲折，坚守近代气象观测主阵地

清末民初，国内的气象台均为外国人控制的海关或外国教会所设，并且主要为外商在华航运等事业服务。为了国家主权、国家利益和民族尊严，竺可桢等中国老一辈气象工作者呕心沥血，只争朝夕，以气象报国，克服万难，逐步建立起属于我们自己的气象事业。

（一）国难中几迁观测场地

日本明治维新以后，经济发展，国力增强，为满足其侵略目的，日本政府及侵华日军在中国台湾、东北、华北地区，以及在其驻华使馆、领事馆、侵华机构广设测候所，进行气象观测，收集气象情报，作为侵略战争的气象保障服务之用。1901 年 4 月 3 日，日本在南京设立领事馆。

南京近代最早的观测站站址就在日本领事馆（南京市鼓楼北京西路 1 号、3 号）内，创立于清光绪三十年（1904 年）11 月，历时十五载，于民国八年（1919 年）停用。

随后，金陵大学的佛立曼测候所成立，进一步改进和完善了气象观测仪器和项目。可惜时值乱世，测候所关停，刚起步的气象观测事业只能被迫中断。

1921 年 10 月，国立东南大学开始气象测候，最初每日仅于 16 时进行一次观测；自 1924 年起，调整为每日 09 时和 21 时进行两次观测。1927 年，国民政府设立中央研究院观象台，地址在鼓楼公园一带。1928 年 1 月 1 日，观象台开始地面气象观测工作，当时借南京成贤街国立第四中山大学院后花园，作为观测场地，进行每小时一次的地面气象要素（气温、气压、湿度、风、云、天气现象）观测，这是中央研究院气象研究所在筹建期间就进行的正规气象观测。当时还没有自记仪器，所以无论昼夜假日，均用人工观测。1928 年 9 月下旬，北极阁气象台部分建成后，于 9 月 30 日子夜移至山上观测。

1937 年 7 月 7 日，侵华日军发动“卢沟桥事变”，日本蓄谋已久的侵华战争全面爆发，随即，8 月 13 日“淞沪之战”爆发，日军屡次空袭南京，北极阁附近落下敌机炸弹，气象研究所窗户上的玻璃被震碎，电线被毁，晚间一片漆黑，但观测并没有停止。8 月 19 日，有颗炸弹落在了气象台，电线、窗户被炸，即便如此，值班观测员李恒如仍旧在记录气象资料。9 月初，研究所 12 人离开南京，乘三北公司龙兴轮去汉口，留下 9 人坚持天气预报和气象观测。11 月 23 日，气象研究所最后一批人员（郭晓岚、陈学溶、杜靖民、李恒如等）撤离，北极阁山上只有 1 名自愿留守的老工友看管，北极阁的气象观测被迫中断，竺可桢“希望有整整十年不间断的南京气象资料”的愿望（只差 40 天）未能实现。12 月 13 日，南京陷入敌手。

20 世纪 30 年代的南京北极阁

1938 年 1 月，气象研究所人员分批迁到重庆，先租屋在兴隆街，因不够用，2 个月后，改租用曾家岩（中四路 139 号）二楼砖瓦间房作为工作和宿舍之用。此次搬迁损失惨重，贵重仪器仅取出十分之一二，图书资料散失不少，非常可惜。1939 年 5 月 3—4 日，侵华日军对重庆大轰炸，人民生命财产损失惨重，研究所又匆忙迁到北碚，业务工作基本处于半暂停状态。

20 世纪 40 年代的南京北极阁

1945 年 10 月 8 日，竺可桢在日记中这样写道：“北极阁气象所，据说有日本人森川先郎在那里做主任观测员……还说天文台与气象所于上月卅日接收，气象台东西楼存有桌椅物品等，由陆军部封锁。图书馆下层有文物保管委员会书籍 250 箱，由教育部封存。

楼上不能进，院内有百叶箱二个，测风仪，网球场仅留平地。气象台顶原有风向计仍在，水汀火炉还在，惟火表拆去，油印机被日本人抬走。半山收报室及宿舍两处一木无存，好铅皮电线一寸不留。电话有两只，现在未通，已登记。山上请有保安两人，在山年久，情况很熟。现刘福藩与王兆成二人轮流看守。东邻宋部长官舍只留空屋，半山自来水马达机器已不在。”

汪伪政权时期，在南京瞻园路进行气象观测，直到 1946 年 8 月，气象研究所迁回南京北极阁，各项工作才重新恢复。

（二）乱世中幸得中流砥柱

这一时期，为维护国家主权、国家利益和民族尊严，竺可桢等老一辈气象工作者呕心沥血，忘我工作，成为乱世中推动中国气象事业发展的中流砥柱。

竺可桢，字藕舫，浙江绍兴人，中央研究院院士、中国科学院院士，中国近代气象学家、地理学家、教育家，中国现代地理学和气象学的奠基者，也是中国现代科技史学科的奠基人，中国物候学的创始人。在他的组织和倡导下，建立了中央研究院气象研究所，培育了一批批优秀的气象人才，推动中国气象事业发展。

青年竺可桢

竺可桢工作照

1890 年 3 月 7 日，竺可桢出生于浙江绍兴东关镇（今属浙江省绍兴市上虞区）。竺可桢幼时聪明好学，2 岁开始认字。1905 年以各门功课全优的成绩从小学毕业，当年秋季入上海澄衷学校，以品学兼优，为人热情正直，被同学推为班长。1908 年春，同学要求撤换不称职教师举行罢课，学校一度停办，竺可桢乃于暑假后转入复旦公学学习。

1910 年春，当竺可桢以优异的成绩在唐山路矿学堂学满一年的时候，这年 4 月 15 日，学部发表咨文，要各省保送游美学生，一个出国留学深造的机会终于来了。考试结果，竺可桢在录取的 70 名中以 28 名位列榜上，当时他才 19 岁。1918 年，竺可桢以论文《远东台风的新分类》，获哈佛大学气象学博士学位，随即怀着一腔报国为民的激情，于当年秋天返回阔别了 8 年的祖国。

1920 年，竺可桢任聘南京高等师范学校，在文史地部首次开设气象学课程，讲授气象学，并在校内建立了气象测候站。这是江苏高等气象教育的开端，也是全国大学附设较早的测候所。那时，竺可桢带领学生一起观测，对学生要求极为严格，每日需按观测规程准时进行，详细、准确地记录每个天气要素，不得疏漏和马虎。

在建设和使用这个气象测候所过程中，竺可桢不仅自己指导学生参与观测，还聘请了专职人员鲁直厚来测候所进行气象观测和指导。从开始观测之日始，该测候所气象观测便“无复间断”。竺可桢还经常亲自监督恶劣天气及夜间等容易失误情况下的观测记录。在取得完整资料的基础上，竺可桢亲自分析数据，撰写报告，于次年编发《气

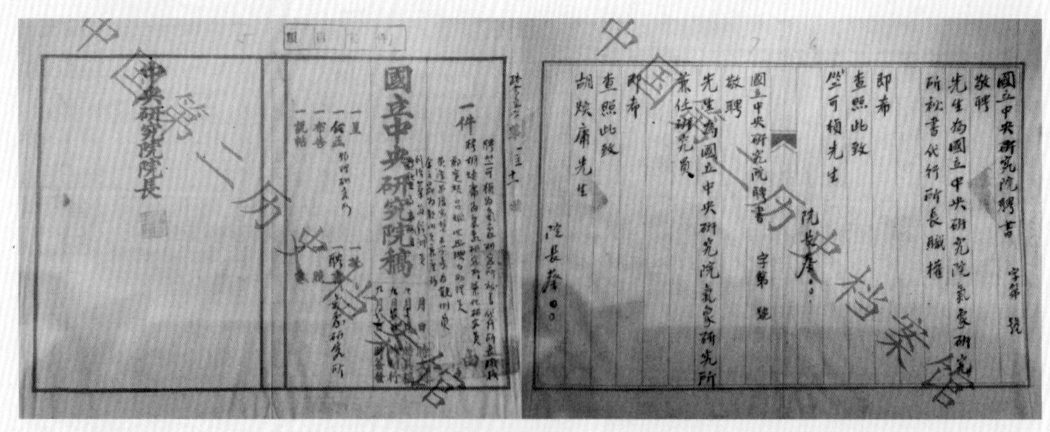

竺可桢在南京北极阁建立中央研究院气象研究所，并任所长，图为蔡元培所发聘任书

象月报》，与上海徐家汇观象台等气象机构进行资料交换。这些气象台站建设实践为竺可桢后来的气象台站建设规划及其指导实践提供了丰富的经验。

1927 年 11 月 20 日，国民政府教育部大学院召开中央研究院筹备会，其通过的组织条例中设有观象台。11 月 28 日，大学院第一次院务会议，推定观象台筹备委员会，高鲁、竺可桢为常务委员。1928 年 2 月，观象台又分为天文研究所和气象研究所，竺可桢为筹备气象研究所的主任。

竺可桢认为“建立我国自己的气象台网是开展气象工作的前提”，上任就制定了《全国设立气象测候所计划书》，并陆续执行计划建立站网。1928 年至 1936 年 4 月，竺可桢在南京北极阁先后筹建了气象台的地面气象观测和高空探测等业务，推动了全国气象台站建设，为日后中国气象事业的蓬勃发展打下了坚实的基础。

在竺可桢的领导下，气象研究所在对近代中国气象台站建设、气象观测、天气预报、气象科学研究，以及气象专业人才的培养方面做了大量的工作，为我国气象事业的发展做出了卓越的贡献。

在 20 世纪 30 年代中期以前，我国气象学描述性的研究居多。直到 1937 年，赵九章在德国柏林大学留学期间发表了一篇题为《信风带主流间的热力学》的论文，尝试将数学、物理和流体力学原理引入到气象学研究中去，中国气象学才开始有了质的变化。这篇论文具有开创性意义，被竺可桢称为“新中国成立以前理论气象研究方面最主要的收获”。在竺可桢的推荐和支持下，还不满40周岁的赵九章担任中央研究院气象所所长。

1948年，国民党政权分崩离析，南京风声鹤唳。当权者命令中央研究院各所迁往台湾。时任中央研究院气象研究所所长的赵九章一纸电文发给当时的中央研究院院长表示，研究所在抗日战争中颠沛流离，实不堪再动。

夜夜枪声，一触即发，他始终岿然不动。1949 年 5 月 27 日，上海解放。新中国有幸，留在这片土地上的岂止赵九章，更有中国的现代气象学……

赵九章

（三）艰辛中不断探索前进

尽管条件艰苦，但在竺可桢等先辈的组织和倡导下，中国气象事业有了很大的进步。

1. 气象台站网初具规模

竺可桢决定将气象研究所设在玄武湖畔的北极阁上。在勘察所址时，北极阁是一片荒山，荆棘遍野，山顶上的北极阁道观旧址，也是断瓦残垣，荒草丛生，竺可桢却认为这里视野开阔，适合气象观测，且历史上一直做气象观测之用，是建设气象观测台的最佳地点。不过，当时南京自来水厂也要建在北极阁，竺可桢同南京市政府协商多次，最终这块地才得以划归气象研究所使用。

竺可桢对筹建气象研究所倾注了极大的热情。他亲自选址，筹集资金，招标施工，事必躬亲。历时三年，由著名建筑师卢树森规划设计的气象台建筑群在北极阁落成：主体建筑是观象台塔楼一座，六面三层，采用西式简洁的几何造型，柱头、栏杆、檐下和券门等处缀以中国传统建筑构件或纹样，呈现中西合璧面貌，颇为新颖；塔楼四周是图书馆、地震观察室、办公楼、资料室等建筑，为粉墙黛瓦的中式建筑风格，造型古朴，清雅宜人。

1928 年的北极阁气象台

远眺北极阁（1928 年）

院内装置的各种观测仪器，也比较完善。1928 年从德、英、法等国购置仪器大小共计 90 余件，总价值约 2.5 万元。到 1935 年，已有观测仪器 200 多件，总价值约 12 万元，而且新增的重要仪器就有 240 余件，均是当时最先进的。

1928 年春，竺可桢提出了《全国设立气象测候所计划书》这一规划布局性的计划书，提出在全国至少建气象台 10 所，头等测候所 30 所，二等测候所 150 所，雨量测候所 1000 处，并在 10 年内完成，以便为我国农业、水利、航海、航空、国防等服务。这个计划书实际上也就成为中国近代气象事业的纲领性文件。由于当时国民政府无法拨出专款来筹建和维持这样规模的测候网，此项计划未能全部实现。

到 1937 年，我国至少有气象台站 139 个，达到空前的规模。这些气象台站建设的经验、技术和设施等，为新中国气象事业的迅猛发展奠定了基础，也为我国现代气象事业的长远发展和气象科学研究实力的提升夯实了基础。

2. 不断拓展气象观测领域

除地面观测外，竺可桢还先后建立了高空气象观测、物候观测、日射观测、空中电气观测和微尘观测。原先，国内记录温度、降水量使用华氏度和英寸作为单位，在竺可桢的倡议下，北极阁气象台最早开始使用国际通用单位摄氏度和毫米，并将其推广到全国。

1928 年底，从国外订购的仪器陆续运到北极阁气象台，有滑锤自记气压计、标准水银气压计、通风温湿度计、电传风力风向计、垂直风力计、自记水银气压计、微尘计、

20 世纪 30 年代，工作人员在北极阁用经纬仪测风

蒸发计、自记雨量计、自记雪计等，后来又订购到垂面太阳热力计、平面太阳热力计、沉积微尘器、雷电强度计、雷电中心计、自记经纬仪、地震仪等，此外还有地温计、草温计、测云杆、测云镜和日照计等。凡属当时的地面气象观测仪器，气象研究所都有，有的同一种仪器会订购数种式样，供试验和研究。由于自记仪器备齐，所以决定取消夜班观测，采用自记仪器记录。在这些观测仪器中，雷电计和微尘计引人注目，在那时就考虑对雷电和大气中微尘的研究，十分具有远见。当时的雷电观测和微尘计、沉积微尘器的观测，是我国雷电物理和大气气溶胶观测研究的开始。另外，从 1931 年 1 月起，北极阁气象台开始了太阳辐射观测。在 1938 年抗日战争期间，气象研究所还购入了多布森（Dobson）臭氧仪。

从 1929 年起，气象研究所就积极筹备高空观测，首先是高空测风。1929 年 7 月 6 日，向德国订购的两架经纬仪到所。此后，订购的 3 架制氢筒、气球球皮及各项高空测风设备也陆续到齐。遂于 1930 年 1 月 18 日，在南京北极阁气象台以单经纬仪法开始了南京地区的高空测风工作。所得高空测风记录，及时提供给国内航空公司，作为其选择飞行高度的参考。1930 年 8 月 11 日，高空测风气球达到 23.393 公里，这是我国首次获得的平流层测风记录。1936 年 9 月 11 日清晨，高空测风到 2 小时 37 分气球才失踪，测风高度达 28.433 公里，这是南京高空测风以来达到的最高纪录。

20 世纪 30 年代初，无线电探空已发明，在西欧各国业已使用，但价格昂贵，尚未普及。气象研究所为节省费用，以探空气球作为高空探测之用，在气球上悬挂的仪器能测高空的气压、温度和相对湿度，但必须回收后方能取得数据。1930 年 5 月 15 日，气象研究所在北极阁施放了第一枚探空气球，同年 8 月 18 日，施放了第二枚，以后又施放了几枚，虽曾登报悬赏，征求探空气球的下落，但皆无音讯。直至 1936 年 3 月 16 日，又放了一枚，3 天后接到南通来信，知此探空气球已被拾到，随即派人取回。这是气象研究所六年来回收到的第一枚探空气球，资料弥足珍贵。竺可桢深感欣慰，他在 3 月 25 日的日记中写道：“……知丁正祥已回，取得本月十六号所放气球上系带之仪器，毫无损坏，气球则炸破一洞，仪器取出后始知气球达七公里以上时钟即停，因温度达零下二十八度，钟内之油固结之故，因而何时入同温层即无从揣测，所知者最低温度为－63 ℃，最低气压为 73 毫米（汞柱），而推算高度为十七余公里……”这些资料是我国探空气球首次进入平流层的温压湿气象记录。从 1936 年 7 月起到 1937 年 7 月 15 日止，每月中旬施放探空气球 1 ～ 2 次，共施放探空气球 14 次（每次都能收回），有记录的 10 次。

1931 年 5 月，德国气象学家赫德博士及其助手再度来华，继续西北考察，并带来了气象风筝等探空仪器。气象研究所派两人随同考察并开展探空观测，在内蒙古益诚公（1931 年 5 月中旬到 9 月中旬）和巴音托来（1931 年 9 月下旬到 1932 年 3 月中旬）两地共进行了 123 次气象风筝探空。1932 年 4 月这项工作结束，赫德回国前，将全部气象风筝和探空仪器减价转售给了气象研究所。因为当时南京飞机过往频繁，施放气象风筝有危险，气象研究所便委托清华大学气象台主任、气象研究所特约研究员黄厦千在北平负责施放，助手有本所史镜清和刘粹中。从 1932 年 9 月 27 日获得第一次气象风筝记录，到 1934 年 8 月 14 日，已获得 93 次记录，其中高度超过 2000 米的有 19 次，1932 年 12 月 3 日施放的气象风筝高达 3062 米。

气象风筝施放近一年时，在 1933 年 9 月 8 日晨，由于清华大学正在改用商电，电厂试电，风筝落下时，其钢丝绳挂在了 1800 伏的高压裸线上，发生了史镜清殉职的惨剧。竺可桢呈请国立中央研究院拨款一千元，成立史镜清纪念委员会，以怀念我国“气象学界因技术而牺牲的第一人”。史镜清纪念基金作为气象学论文奖金，每两年征文一次，征文事宜交由中国气象学会办理。该纪念基金到 1941 年以后由于货币迅速贬值而化为乌有，该纪念奖成为了历史的陈迹。

从 1931 年 10 月起，气象研究所开始了飞机观测，有偿委托陆地测量局航空队和航空署第一队代为飞行。飞机观测平均每星期一次，由气象研究所派员携带飞机自记气象仪至机场，自记仪在飞行过程中记录高度、温度、湿度，工作人员则在飞机起飞和降落时对仪器进行校对。至 1936 年，有效飞行 99 次，高度为 2.7 ～ 5.7 公里。后来，飞机观测因抗日战争而中断。

1929 年，国际气象会议在丹麦首都哥本哈根召开，会议决定再进行一次更全面的第二届国际极年观测活动，其观测范围不限于气象和地磁，电离层、极光等项目也包括在内。观测时间从 1932 年 8 月 1 日到 1933 年 8 月 31 日。气象研究所在 1931 年 12 月 3 日的所务会议上决定接受邀请，担任中国部分的极年观测工作。在第二届国际极年观测期间，除在南京和北平增加高空测候外，还决定设立两个高山测候所，一个设在四川峨眉山，另一个设在山东泰山。1932 年 8 月 1 日起开始观测，观测项目有气压、气温、湿度、风（风向、风速）、云（云状、云量等）、能见度、降水、天气现象、光现象、雨滴直径、雪的形状、云海等。1935 年后又增加日照（及紫外线）等观测。每日 06 时至 21 时（120° E 标准时）逐时观测，夜间 22 时至次日 05 时的气温、湿度、气压、风和降水的逐时记录，则由自记资料获得。1933 年 3 月，测量雨滴和雪花的仪器运到后，又增加观测雨滴的大小、数量和雪花的形状、大小等。观测到的雨滴直径平均 2 毫米，数量一般在每平方厘米 10 滴以下（平面取样），这是我国降水微物理观测的开始。观测到的雪花形状有枝状、星状、针状、双星状和不规则的颗粒状等，其中，以枝状和星状为最多，直径最大的 6 毫米，平均 2 毫米。

竺可桢以自己在南京观测的 9 年物候记录为例，提倡应用科学方法观测物候，制定新历。在他的主持下，气象研究所于 1931 年 4 月，将物候记录 24 个项目表分寄给国内各测候台站填报，待 4 年后各省可对照月令，用于农业。1934 年 5 月，气象研究所又与中央农业实验所合作，要求全国农情报告员按时报告。1935 年 3 月，19 个省 225 个县 230 人，记载了 24 种草本植物的播种期、移植期、开花期、成熟期、收获期 5 项；13 种木本植物的发芽、叶盛、始花、盛花、果熟、落叶 6 项；燕、雁、黄莺、布谷鸟、蝗虫、青蛙、蝼蛄、蟋蟀、蝉 9 种动物的始见或始鸣、绝见 2 项。根据观测的物候规律，可制定各地区的自然历，预测农业。这是我国首次有组织的较大规模的物候观测。

竺可桢在 1930 年就积极筹备地震观测事宜，此后，从德国进口了两台地震仪，其中一台大号维歇尔地震仪，为当时世界第三台。仪器安装后，曾请北平鹫峰地震研究室的李善邦先生校核。1932 年 3 月试测，获得地震记录 12 次，与当时的北平鹫峰和上海徐家汇两处仪器测得的记录相比较，并无差别。1932 年 7 月 1 日起，气象研究所在北极阁正式有了地震观测的记录，以后每季编制一次地震报告，每年出《地震季报》四册，与国内外地震台交换。抗日战争胜利后，维歇尔地震仪幸存，经修复后，安装在南京地震台继续使用。

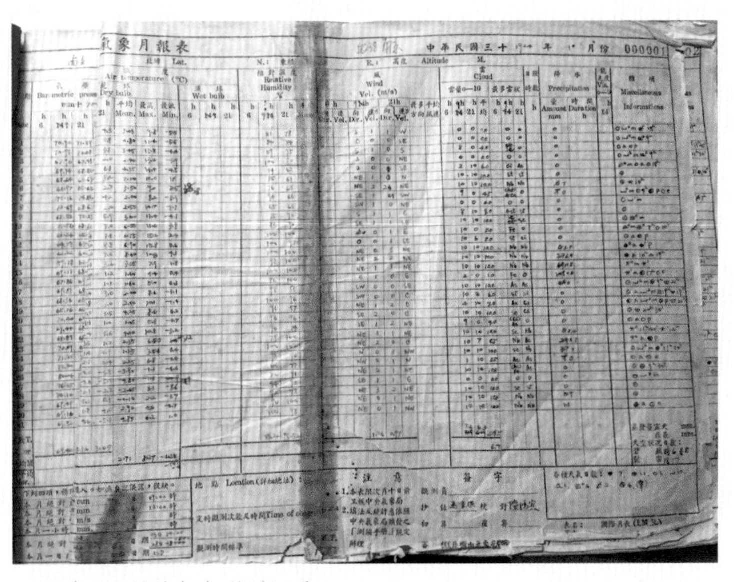
氣象月報表

1924 年 10 月的气象观测记录

中央研究院气象研究所编印的《气象月刊》（左）和《气象年报》（右）

当时的观测范围、观测项目均依照一等测候所的规定进行，所测记录编印《气象月刊》，年终时将《气象年刊》分项统计整理后编印成《气象年报》。

3. 气象人才队伍发展壮大

1928 年，北极阁测候工作开始时，观测员仅有刘治华、沈孝凰、全文晟、黄厦千 4 人，半年后增聘了张宝堃和郑宽裕，之后增至 15 人。为适应气象事业的发展，竺可桢不断争取人员编制，到 1935 年已有职工 56 人。

1928年，中央研究院气象研究所在南京北极阁正式成立后，胡焕庸、吕炯、涂长望、赵九章、黄厦千、张宝堃、郑子政、朱炳海、卢鋈、程纯枢、么枕生、郭晓岚、叶笃正、顾震潮、陶诗言、黄士松、高由禧等我国著名的科学家和气象学家，早期都曾在气象研究所从事过气象研究或测候工作，其中有些科学家还负责组织、领导或参加全国气象事业的建设，为发展中国的现代气象事业奠定了基础。可以说，中央研究院气象研究所是中国历史上第一个研究近现代气象科学的最高机构。

竺可桢担任气象研究所所长期间，曾先后组织与开办过4期气象练习班，为全国各地建设测候所培养、输送近百名气象技术人才，全国高等院校的气象师资、各级气象研究机构的研究人员，有不少曾在气象研究所或气象练习班学习、进修和实习过。北极阁因此被国内气象界人士誉为“培养中国现代气象人才的摇篮”。

1935年，气象研究所气象学习班第三届同学毕业合影，前排中为竺可桢

第三节
奋力拼搏，奠定新中国气象观测强基础

1949 年 4 月 23 日，南京解放后，南京气象观测工作开始步入正轨。20 世纪 60 年代中期到 70 年代中期，受“文化大革命”等因素干扰，南京气象观测不可避免地受到一些严重影响，业务与服务质量陷入较长时间的低谷期，气象工作人员仍然怀着强烈的事业心和责任感，坚守值班，基本保持着各项业务工作正常开展。

1. 领导体制历史沿革

1950 年 1 月，华东气象区台在南京市中山北路西流湾（原国民政府中央气象局旧址）成立，同年搬至北极阁 2 号，为华东地区的气象业务领导中心。1953 年 1 月，成立江苏省军区气象科，负责领导与管理全省军事系统及政府建制的气象台站。1953 年 8 月，遵照中央军委、政务院关于军事系统气象部门转为政府建制的命令，原省军区气象科于 10 月移交给江苏省人民政府，作为省农林厅的内设机构。1954 年 11 月，省人民政府决定改设“江苏省人民政府气象局”。1958 年以前，全省气象台站一直属于垂直系统，1958 年第四季度起，交由各级政府主管，气象业务由上级主管部门负责。

2. 观测业务稳步发展

地面气象观测站于 1956 年初落户雨花区红花乡小校场，一直稳定工作至 2007 年。1954—1990 年，地面气象观测站按国家基本站要求，每日 4 次观测，1991 年 1 月 1 日，被中国气象局确定为国家基准气候站，改为每日 24 次观测，昼夜连续守班。

地面气象观测规范最初使用的是军委气象局 1950 年颁发的《气象测报简要》，1965 年、1980 年先后启用了更新的《地面气象观测规范》。

观测仪器方面，由最初的外国引进逐步实现国产化。1949 年以前，地面气象观测仪器几乎全为外国制品。1949 年，南京北极阁的观测仪器有美制寇乌式水银气压表、自记气压计、自记微压计、温湿联计、华氏玻璃液体温度表、沙式风向风速仪，英制康培司托克式日照计，日产电接风速回数计、立轴式风向计、虹吸式自记雨量计、雨量器，蒸发皿和乔唐式日照计，等等。新中国成立初期，仍主要靠接收前中央气象局

20 世纪 60 年代，南京雨花区红花乡小教场观测站

等有关单位遗留下来的仪器进行观测，以美、日产品为主，规格、型号都比较杂乱。

1954—1960 年，使用的仪器以苏式为主，有苏式百叶箱、干湿球温度表、温度计、湿度计、带有防风圈的雨量器、维尔达风压器、水银气压表、单根毛发表、套管式曲管地温表和直管式地温表；也有仿苏虹吸式雨量计、达尼林冻土器和电线积冰架等。温湿度和雨量的观测仪器也改为离地 2 米高，风压器离地高 10 ～ 12 米。1960 年开始，分期分批采用国产仪器，逐渐形成以国产仪器为主。百叶箱干湿球温度表恢复为 1.5 米高，雨量器取消了防风圈，安装高度也由 2 米改为 70 厘米，并逐步配备一批新的仪器。1968—1971 年，撤销了苏式维尔达风压器，改用国产 EL 型电接风向风速计。1974 年，配备了翻斗式遥测雨量计。1978 年以后，随着我国地面气象仪器研制工作的开展，逐渐应用了一些遥测、自动的先进仪器设备。1979—1989 年，使用 HM5 百叶箱通风干湿表，1980 年，配备了 E601 型蒸发器。

为了配合全球国际地球物理年观测活动，1959 年 1 月 1 日开始甲种太阳辐射观测。南京甲种太阳辐射观测站按照中央气象局印发的《辐射观测方法》进行，观测项目有直接辐射、散射辐射、地面反射等，每日定时观测时次为 06 时 30 分、09 时 30 分、12 时 30 分、15 时 30 分、18 时 30 分 5 次。除定时观测外，还进行每小时 1 次的补充观测，每日最多观测时次为 05 时 35 分至 18 时 30 分（14 次），最少观测时次为

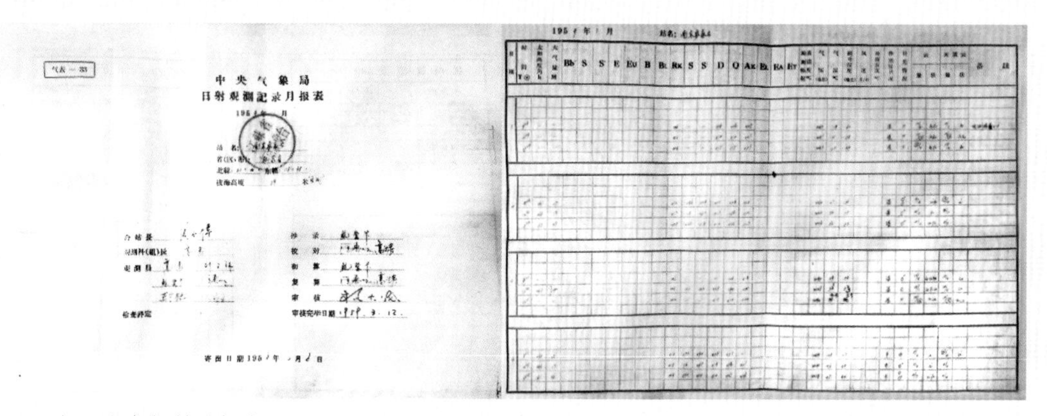
中央气象局
日射观測記录月报表
寄出日期 195 年 月 日

1959 年，南京辐射月报表

07 时 35 分至 15 时 30 分（9 次）。1989 年 12 月 20 日，国家气象局通知，全国太阳辐射观测站分为一、二、三级，原甲种站、乙种站称谓取消，南京定为二级太阳辐射观测站，自 1990 年 1 月 1 日起执行。

南京二级太阳辐射观测站执行国家气象局 1989 年 9 月编写的《气象辐射观测方法》（试用本），观测项目为太阳总辐射和净辐射，并采用 RYT2 型记录器，与 PC-1500 袖珍计算机接口自动观测。

1990 年 1 月，开始酸雨观测，执行国家气象局气候监测应用管理司 1990 年 9 月编印的《酸雨观测方法》（试行二版）规定：观测要素为降水样本 pH 值和电导率；每次降水不论是阵性、间歇性或连续性的，按过程取累积样品；若间歇时间超过 2 个小时，则作为另一个样品，并记录相对应的起始时间和降水量。

1951 年 1 月 1 日，华东气象区台在南京北极阁成立探空站，是当时全国第一个探

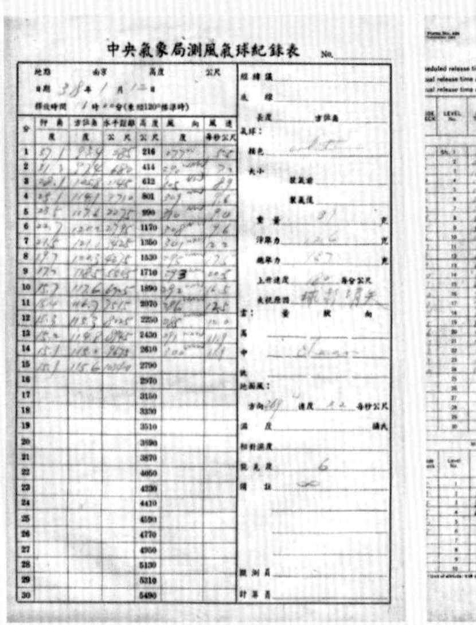

中央氣象局測風氣球紀錄表

1949 年 1 月的南京测风记录

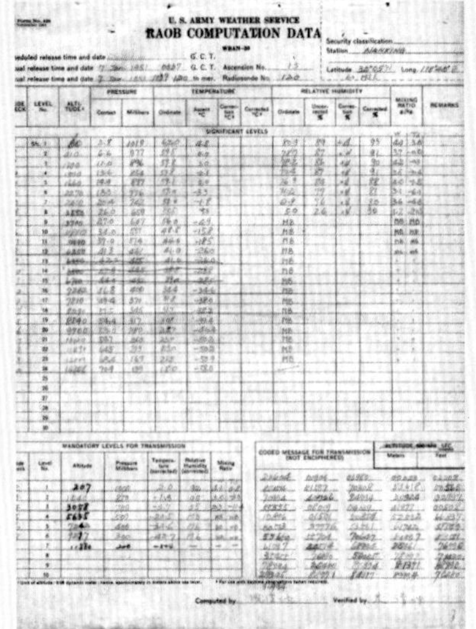

U. S. ARMY WEATHER SERVICE

RAOB COMPUTATION DATA

南京最早的探空记录（1951 年）

空站。1956 年 2 月 1 日，该探空站迁到雨花区红花乡小校场。1958 年 7 月 1 日开始，探空时次增加为 2 次。1958 年 3 月 1 日，开始利用光学经纬仪进行高空测风业务，每日 1 次。1967 年 6 月 1 日，开展雷达测风业务，使用国产第一代 910 雷达。1969 年 7 月 1 日，改用 701 型雷达进行综合观测，不仅提高了观测高度，观测质量也有了质的飞跃。

自建站以来，所用探空仪器历经多次转型，最初使用美式电子探空仪，其气象要素值以无线电讯号的调制频率来表示。由于该探空仪紧缺，因此采用悬赏办法回收，经维修检定后重新使用。1953 年 10 月 13 日改用芬式探空仪，气象要素值以载波频来表示，使用不到一年，因仪器来源困难，又于 1954 年 6 月 25 日改放美式探空仪，1955 年 4 月 1 日又用芬式探空仪，1958 年 7 月 1 日改用苏式 P3-049 型探空仪，其气象要素值由电码表示，1966 年 12 月 1 日改用国产 59 型电码式探空仪。

探空讯号的接收和记录整理，基本上都与探空仪相配套，苏式探空仪是人工抄报，美、芬、中式探空仪是采用人机结合半自动化抄报。探空记录，开始都是手工整理，1984年9月1日后采用PC-1500袖珍计算机整理，1987年6月1日又改用APPLE Ⅰ（紫金Ⅰ）型微型计算机整理，1988 年 10 月开始，采用 APPLE Ⅱ型计算机对高空气象记录进行辅助审核和月报表的自动编制打印。程序软件均由江苏省气象局开发，1991 年 12 月，在全国气象部门推广。

20 世纪 50 年代初期，执行华东军区气象处的工作制度和操作规程及中央气象局制定的《暂行探空工作制度》。在使用芬式与苏式探空仪期间，又先后执行中央气象局 1956 年 7 月颁布的《芬式探空暂行规范》与 1957 年 4 月的《苏式探空的一些技术规定》、1958 年 5 月的《苏式 P3-049 型探空记录整理方法》以及 1963 年的《P3-049 型探空仪高空气象观测规范》。1966 年以后使用国产 59 型探空仪，开始执行 1965 年 12 月中央气象局颁布的《59 型探空观测方法（试行本）》，后又执行 1976 年 3 月中央气象局颁布的《高空气象观测手册高空压温湿观测部分》（即 59 型探空手册）及 1977 年 4 月的《高空气象观测规范》（即 59 型探空仪 -701 型雷达测风探测体制的综合规范）。

在探空气球方面，开始使用的是美国和芬兰制气球，1958 年后使用国产气球。由于气球质量的不断改进，探空高度逐步提高。

在制氢方面，1963 年以前用美、法、苏等国的制氢缸制氢，1963 年以后用国产缸化学制氢。1982 年 4 月，南京率先使用电解水制氢，并采用半地下式水封罐储藏氢气，同年 6 月中国气象局在南京召开南方各省气象部门现场会进行推广。

3. “青年文明号”谱新篇

20 世纪 90 年代初，观测站还是一个“环境艰苦、工作辛苦、生活不便”的单位，站领导克服重重困难，团结带领职工稳定思想、狠抓业务、精益求精、无私奉献，一个个业务骨干凭着扎实的业务技能和一丝不苟的敬业精神，取得了不菲的成绩。

观测站的业务质量稳步回升，1990 年地面观测取得百班无错情的突破；到 1994 年底，全站共获得 30 多个百班无错情，还有 4 个二百五十班无错情。观测站在 1995 年获得了共青团江苏省级机关工委“青年文明号”、团省委“青年文明号”荣誉称号，1996 年获得共青团中央“青年文明号”荣誉称号。观测站是团中央单独表彰的全国 78 个先进集体中气象部门唯一的代表，获此殊荣，实在不易。

观测站的同志们在团中央“青年文明号”的鼓舞下，在测报业务岗位上，辛勤耕耘，奋力拼搏，成为全省测报业务战线上的“标兵”。

在1996年的江苏省地面测报业务技能竞赛中，观测站的同志们一举拿下全省前3名。

他们在平凡的工作岗位上用自己的青春谱写了不平凡的事迹，在气象观测史上留下了坚实的脚印。他们身上的这种“匠人精神”，事业情怀，值得每一个年轻人学习。

1996年，获得共青团中央“青年文明号”荣誉称号

第四节
科技领先，助推新时代气象观测新跨越

2000 年后，随着气象观测业务技术体制改革向纵深发展，观测站高空、地面等综合气象观测向着智能化、自动化迅速推进，观测业务由人工密集值守班向维护保障、质量控制、产品加工等方向转型发展。

2003 年 7 月 1 日，探空观测改用 GFE（L）Ⅰ型二次测风雷达。

2004 年 1 月 1 日，自动气象站投入地面气象观测双轨运行，每分钟自动采集除云、能、天目测以外的各种地面气象观测数据，每小时定时记录 1 次气温、降水、气压、湿度、风向风速等气象资料。

2013 年 5 月起，南京国家基准气候站于全国首批实行了高空、地面一体化业务。

2020 年 4 月 1 日，按照中国气象局部署，地面气象观测再次提档升级，全面实行自动化。同年 11 月 20 日开始使用江苏省气象局探测中心研发的业务站自动值守平台，地面气象观测向自动、智能的方向又迈出了坚实的一步。

对气象观测业务人员来说，业务技术的快速变革带来的既有压力和挑战，也有动力和机遇。在 2006 年全省地面测报业务技能竞赛中，观测站 4 名参赛队员均名列全省前 8 名，并勇夺冠、亚军，获团体第 1 名。在 2007 年首届全国地面测报业务技能竞赛中，两名同志参加江苏省队，获得了团体第 6 名，个人全能第 10 名。在 2008 年的江苏省探空测报业务技能竞赛中，观测站的同志再创佳绩，获得了省全能第 1 名等优异成绩。

此后的多年间，观测站的多名业务人员代表南京市气象局、江苏省气象局多次参加地面测报竞赛，获得了骄人的战绩。这些成绩的取得，是参赛人员勤奋好学，刻苦钻研，不断提高业务技能的结果，是观测站整体实力的集中体现，也是领导重视，同事支持，多方帮助，集体奋斗的结晶。

为了协调南京城市和气象观测业务共同发展，经过充分的酝酿和准备，南京国家基准气候站地面、高空观测业务分别于 2008 年、2010 年迁到江宁区新站址。新站址位于江宁区科学园内，地势开阔，环境静谧，高校林立，为南京市气象探测业务发展提供了全新的环境。

南京国家基准气候站旧址（2008 年摄）

南京国家基准气候站新址（2020 年摄）

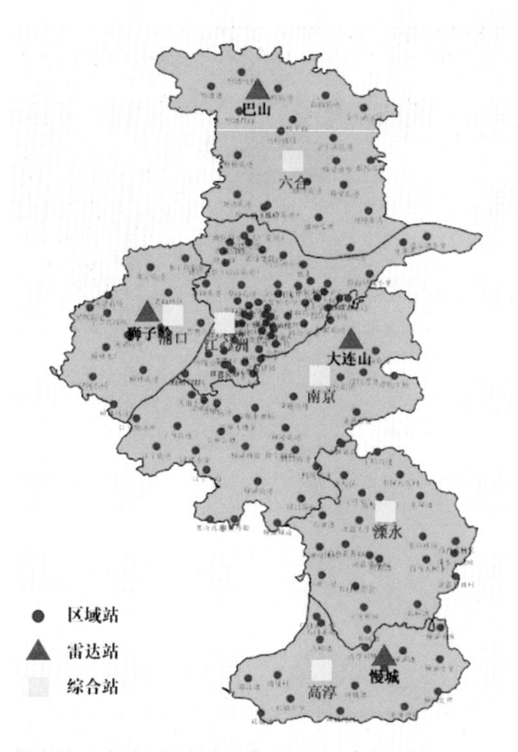

南京综合气象观测网（截至 2020 年 5 月）

南京既是省会城市，也是东部地区重要中心城市、长三角特大城市，南京市委市政府要求气象对标上海、广州、杭州先进城市，提升特大城市防灾减灾、大气污染防控、水环境治理、乡村振兴等气象服务保障能力。针对南京气象观测综合化、信息化、智能化、社会化水平不够，精密度不够，气象监测手段和要素需进一步丰富，水陆空天一体化协同观测能力尚未形成等弱项，加快推进综合气象观测现代化建设，2018 年 5 月，江苏省气象局制定了《南京特大城市综合大气廓线观测网建设》实施方案，南京综合、立体、高效气象观测网络已日趋完善。

目前，南京地区有 1 个基准站、4 个一般站，157 个区域站，1 部 S 波段多普勒天气雷达、4 部 X 波段双偏振天气雷达、5 部风廓线雷达、6 个大气成分和颗粒物观测站、1 个温室气体观测站、2 套通量观测系统、5 部微波辐射计、3 部激光雷达、2 部毫米波云雷达和 1 部臭氧激光雷达等综合气象探测设备。愈来愈多的高、精、尖的探测设备建成使用，为保障人民生产、生活、生命安全提供了更为精密的气象观测数据。

南京高淳慢城 X 波段天气雷达（2019 年摄）

南京气象观测有史以来，随着岁月沉淀，积累了大量弥足珍贵的气象观测数据和丰厚的气象文化。气象观测业务由全人工逐渐转变为自动化，并向着更加智能化、智慧化的“监测精密”方向快速进展。充分发挥气象防灾减灾第一道防线作用，气象观测大有可为。新时代赋予了这个百年老站新的使命，在全新的天地里，更多的气象人必将会为南京气象观测添加更加丰富的内涵。

第五章

齐齐哈尔国家基本气象站

伴随第一座欧亚大陆桥的架设，黑龙江省齐齐哈尔市现代气象事业正式发端，并拉开了“扎根寒地、拓荒塞外、北国观天、润泽黑土”的百年历史画卷。作为黑龙江最具历史延续性的气象台站之一，齐齐哈尔国家基本气象站（以下简称“齐齐哈尔气象站”）拥有长时间、不间断的观测历史，2020 年，该站被世界气象组织（WMO）认定为百年气象站。

齐齐哈尔一词源于达斡尔语，为“边疆”之意。“扼四达之要冲、为诸城之都会”，这里是扼守大兴安岭与松嫩平原的要塞，这里有辽阔的草原、茂密的芦苇沼泽和星罗棋布的湖泊，这里更因丹顶鹤栖息在扎龙湿地而得名“鹤城”。

从清末到民初，齐齐哈尔一直都是黑龙江的首善之区，中国最北的省会城市。齐齐哈尔也是一座英雄的城市，1931 年 11 月 4 日，黑龙江省政府代理主席兼军事总指挥的马占山带领东北军在齐齐哈尔市泰来县江桥蒙古族镇的哈尔戈江桥打响了抗日战争的第一枪，史称“江桥抗战”，拉开了黑龙江战役的序幕。抗美援朝之后，1954 年松江省并入黑龙江省，省会由齐齐哈尔迁往哈尔滨。

齐齐哈尔国家基本气象站

第一节
齐齐哈尔气象的前世

（一）昂昂溪气象观测所

齐齐哈尔气象站的前身，便是光绪二十三年（1897 年）修建中东铁路时在昂昂溪筹备成立的气象观测所（北纬 47° 10′，东经 123° 49′）。该所于 1901 年 7 月开始降水观测，这是齐齐哈尔建立气象设施和开展气象观测记录的起点，至今已有 120 年的历史。

昂昂溪，满语为“雁多”之意，是大雁北归的栖息之地，这与“鹤城”的美誉有异曲同工之妙。齐齐哈尔气象站的百年历史，便是从中东铁路途经的“雁鹤齐鸣”的地方开始的。

为了掠夺和侵略中国，控制远东地区，沙皇俄国于 1896—1903 年（清朝末期）在中国领土上修建了中东铁路（又称东清铁路）。中东铁路以哈尔滨为中心，西接满洲里、东至海参崴（俄罗斯符拉迪沃斯托克，国内到绥芬河）、南达旅顺口（大连），是东北亚地区的交通大动脉。

为获取气象情报，借由《中俄合办东省铁路公司合同章程》，沙皇俄国获得了在中东铁路沿线开展气象观测的权力，并在中国的满洲里、海拉尔、昂昂溪、富拉尔基、安达、哈尔滨、太平岭、一面坡、牡丹江、依兰、德惠、延吉、珲春等地建立测候所。作为黑龙江将军驻地的齐齐哈尔，也是中东铁路北满段（北满铁路）的交通枢纽，同时拥有昂昂溪和富拉尔基两个测候所，条件得天独厚。

随着中东铁路的建设和国外气象观测学的引入，中东铁路沿线和我国的沿海地区及较大城市相继建成观象台和测候所。1898 年 5 月 8 日，沙俄中东铁路建设局在香坊区司徒街 11 号设立哈尔滨测候所，并于 6 月 9 日开始气象观测，这是我国最早的近代气象台站之一，也是东北地区最早的气象台站。1902 年，哈尔滨测候所更名为哈尔滨气象台，迁至南岗区西大直街 89 号，统辖满洲里、海拉尔、昂昂溪、牡丹江、依兰、

1898 年，沙俄在香坊区司徒街 11 号设立的哈尔滨测候所

1902 年，迁至南岗区西大直街 89 号的哈尔滨气象台

延吉、珲春、海参崴（俄罗斯）等 10 余个中东铁路沿线的气象观测站点，成为东北地区乃至全国最早的气象管理机构。

在现存的档案中，有一份《1901—1942 齐齐哈尔逐日降水》的资料，里面不仅有齐齐哈尔 1901—1942 年的逐日降水记录，还记载着 1909—1932 年齐齐哈尔的温度、经纬度、海拔高度等信息。

伪满洲国中央气象台 1936 年编纂的《满洲气象资料（1905—1932）》中记载，昂昂溪气象观测所于 1909 年开始增加气压、温度、风向风速、降水、积雪深度、云量、草温、日照等观测项目，每日进行 3 次观测，分别是 07 时、13 时、21 时。

以上两份资料表明，1901—1935 年，在俄国管理中东铁路时期，昂昂溪气象观

齐齐哈尔　北緯 47°20′　東經 123°56′　高度 148.1 米

					[illegible]	[illegible]	[illegible]	128.6	68.0	26.5	10.7	3.6	610.3
1928	3.8	0.4	7.4	27.8	22.0	72.6	150.3	97.6	51.0	5.5	1.0	1.0	440.4
1929	0.9	2.6	0.2	4.5	41.1	117.1	101.4	216.8	16.9	14.1	1.8	1.8	519.2
1930	0.4	5.4	6.2	0.5	15.9	109.8	82.7	183.2	21.4	2.2	7.6	2.7	438.0
1931	2.3	0.0	4.0	19.0	11.8	85.3	30.0	115.6	98.4	-	-	1.0	-
1932	2.7	0.3	10.3	17.3	63.2	139.9	356.7	130.3	55.5	29.4	1.0	0.0	806.6
1933	0.7	0.2	0.0	2.3	25.9	44.9	88.8	92.0	50.2	28.2	20.7	2.4	356.3
1934	0.1	0.6	5.5	1.0	86.8	163.1	140.2	100.5	83.9	6.2	0.0	0.1	589.0
1935	0.5	3.4	2.6	41.7	22.6	89.6	45.8	55.9	57.7	88.0	12.7	2.0	422.5
1936	1.4	3.7	6.4	10.0	33.1	38.6	221.4	93.6	65.8	1.5	1.8	1.4	478.7
1937	1.1	0.5	2.9	36.7	24.1	26.6	100.4	68.9	42.2	2.1	4.0	3.8	313.3
1938	4.6	5.3	2.0	32.2	70.6	49.4	363.7	61.7	76.5	48.5	23.4	2.8	740.7
1939	1.6	0.7	2.7	24.1	15.5	155.7	148.4	112.1	54.0	25.3	1.2	2.2	543.5
1940	2.8	0.0	6.7	5.2	25.9	40.9	134.0	54.1	41.2	5.5	15.6	2.5	334.4
1941	0.3	8.7	12.7	14.9	54.7	61.4	176.2	53.4	70.7	48.2	5.8	4.4	511.4
1942	0.0	2.9	0.3	17.1	58.7	84.4	111.5	62.7	16.5	4.4	9.5	1.6	369.6
--													—
—													—
1949	-	-	-	-	-	126.9	60.4	135.2	67.2	19.6	4.8	0.1	-
1950	0.5	0.0	0.7	13.8	35.5	37.8	42.8	44.8	40.0	0.7	5.5	5.1	227.2
平均	1.4	2.3	4.5	16.6	39.7	82.1	151.0	95.2	49.6	20.7	7.4	2.3	472.7

齐齐哈尔 1928—1942 年降水观测记录

昂昂溪观测所 1901—1942 年的部分观测记录

[illegible]

1927—1928 年气压、温度等要素统计表

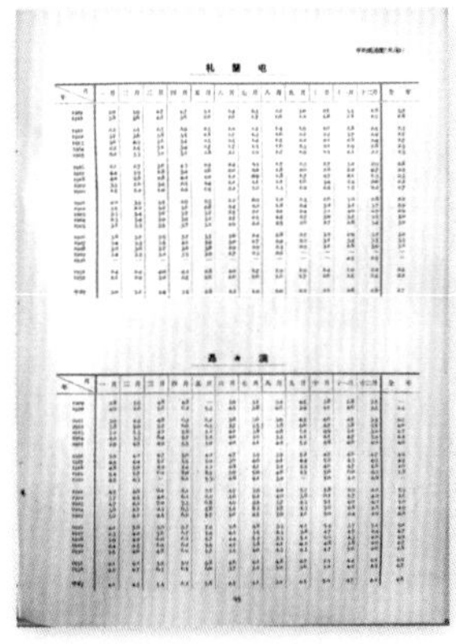

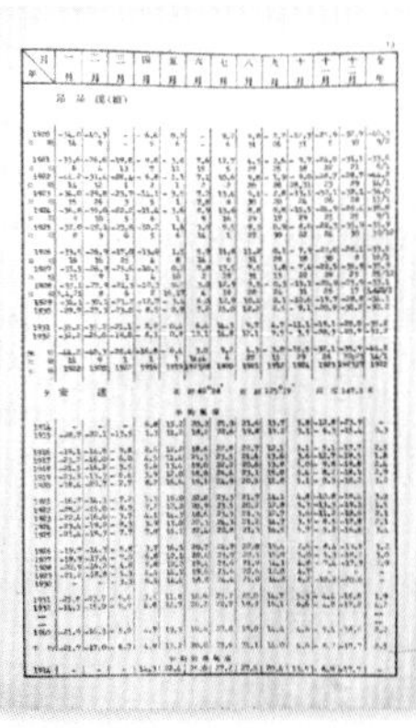

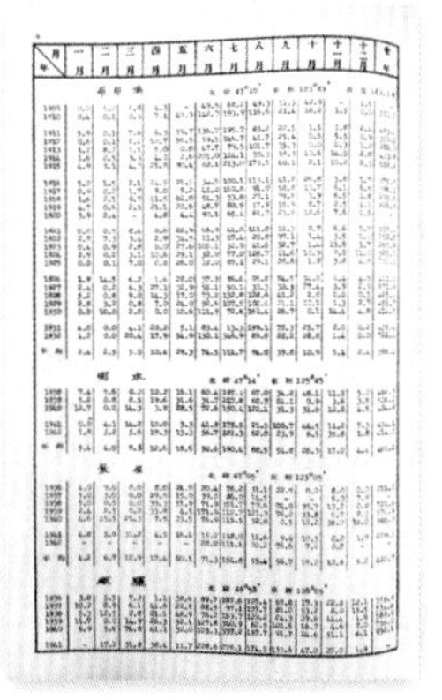

1909—1932 年平均风速（左）、平均气温（中）和降水量统计表（右）

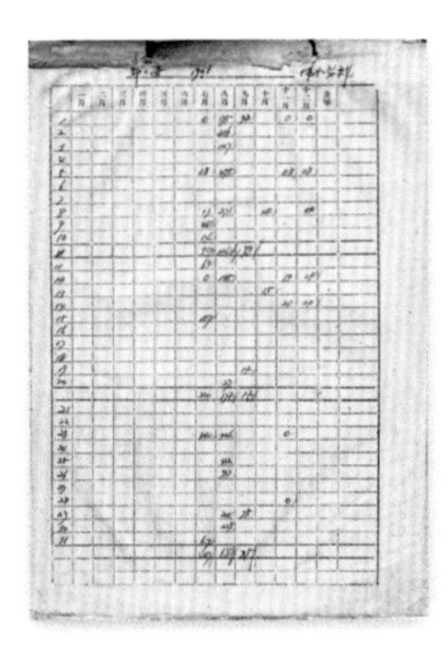

1901 年逐日降水量统计表

1901—1933 年降水量统计表

1939—1941 年降水量统计表

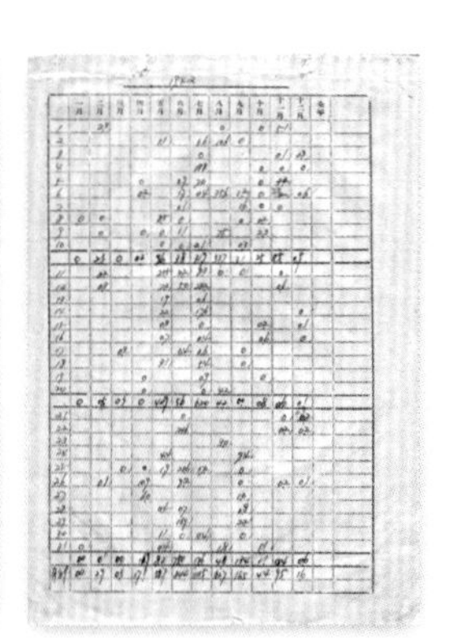

1942 年降水量统计表

测所气象观测始终在进行，其中，降水观测从1901年7月开始到1942年的整年，气温、气压、风、天气现象的观测从1909年1月到1932年12月，期间只有1926和1927年没有降水观测，其他项目的观测一直没有中断。

（二）满铁公所气象观测所

1928年后，齐齐哈尔的降水和温度观测由两个台站同时开展，一个是昂昂溪气象观测所，另一个便是满铁公所气象观测所。

1905年日俄战争结束后，日本和俄国签订《朴茨茅斯和约》，和约中俄国把中东铁路长春到大连一段及其各支线割让于日本，由日本改为南满铁路，所余部分仍然由俄国控制。1922年8月24日，日本在齐齐哈尔原财神庙街（今永安大街191号）设立齐齐哈尔满铁公所。

1928年1月，齐齐哈尔满铁公所设立了气象技术员养成所和气象研究所，办公楼前设立气象观测所（北纬47° 20′，东经123° 56′，海拔高度147.2米），隶属日本关东厅，成为日本探测黑龙江和南满铁路气象情报的重要场所。

日本在齐齐哈尔市设立的满铁公所

1928年1月，满铁公所气象观测所开始气象观测工作，每日观测3次，观测时间为05时、13时、21时，观测项目有降水、气温。根据《1901—1942齐齐哈尔逐日降水》资料，满铁公所气象观测所的降水观测持续到1943年2月，温度观测持续到1942年4月，这也就有了1928—1942年的温度观测记录及1928—1943年的降水观测记录两组数据。1930年1月，《满洲气象累年报告》

满铁公所气象观测所

中记载了气压、气温、湿度、风向风速、降水量、蒸发量、积雪深度、云量、日照、水蒸气张力、霜冻、地震回数、地温、天气现象观测项目，天气现象观测包括冰雹、黄沙、冻雨，观测时间持续到 1936 年。在此期间，齐齐哈尔满铁公所气象观测所积累了丰富的气象资料。

伪满洲国建立后，1933 年 11 月 1 日，日本在长春成立伪满中央观象台，下设地方观象台、观象所，形成了中央观象台、地方观象台、地方观象所三级管理体制。自此，东北地区气象观测台（所）基本上构成了完整的观测网。此时，黑龙江地区气象台站进入日本满铁、关东厅和伪满中央观象台混设阶段。伪满中央观象台成立后，便开始编撰满洲的气象月报和年报，虽然原始记录材料已经遗失，但所编撰的年月报具有重要的科学研究价值。

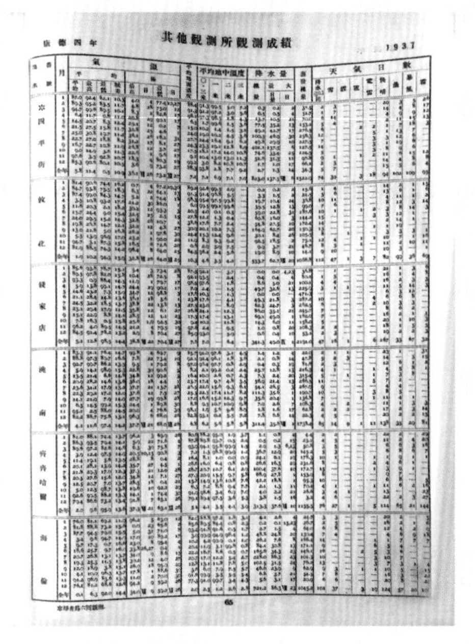
康德四年　其他觀測所觀測成績　1937

满铁公所气象观测所气温统计表

1935 年 5 月，在黑龙江省齐齐哈尔的克山成立观测所。1935 年 8 月，哈尔滨建立地方观象台。

1937 年 12 月 1 日，日本政府以所谓废除治外法权，将南满“铁路附属地”行政权，移交给伪满傀儡政府。随之，关东观测所也将所辖观测所、支所的一部分，如长春、四平、奉天（沈阳）、营口等移交给伪满中央观象台，从此，除关东军气象部队控制的站点外，伪满观象台基本上“统一”了全东北区的气象工作。齐齐哈尔满铁公所气象观测所因属于北满系统，并没有移交，一直到 1945 年日本投降。

（三）伪满齐齐哈尔观象台

1938 年 10 月 4 日，伪满中央观象台在齐齐哈尔市设立伪满齐齐哈尔观象台（北纬 47° 20′，东经 123° 56′，海拔高度 147.0 米），地址位于齐齐哈尔市商埠路气象台街 1 号（今齐齐哈尔市龙沙区永安大街 371 号，现为第二机床厂武装部办公楼）。

1944 年 9 月，对新京（长春）、奉天（沈阳）、哈尔滨、齐齐哈尔及牡丹江 5 个伪满观象台实行管制大改组，规定在伪满中央观象台之外加添“管区观象台”。伪满管区观象台掌管所辖管区内的气象、地震、地磁、天体及此相关联的观测、预报、警报和调查及报告等事项。伪满齐齐哈尔区观象台管辖海拉尔、黑河地方观象台及 19 个地方观测所。

1945 年 8 月 15 日，日本投降，满铁公所气象观测所和伪满齐齐哈尔区观象台停止相关工作。后根据“让开大路、占领两厢”的工作方针，1945 年 12 月 30 日，中国共产党嫩江省、齐齐哈尔市的各级党政军机关及武装部队全部撤离齐齐哈尔。1946 年 1 月，国民党齐齐哈尔市政府“接收”了省会齐齐哈尔。1946 年 4 月 24 日，中国共产党接管了齐齐哈尔市全境，气象台由人民政府接管。1946 年接收东北气象（水文）工作的机构是设在沈阳的“教育部东北气象机构接收委员会办事处”（1947 年 2 月改归交通部领导），先后在东北恢复和改建几处站点，仅限于长春以南的沈阳、安东（丹东）、公主岭、吉林和长春等地。1946 年，该接收委员会办事处虽派人来过齐齐哈尔，但由于战争而未恢复气象工作。直至 1948 年末，齐齐哈尔气象工作才得以恢复，并在黑龙江省农林厅技术推广科设立气象组，负责筹建和管理气象工作。

齐齐哈尔是全国解放最早的大城市之一，也是最早恢复气象观测的城市之一。1949 年 6 月，东北军区司令部气象处抽调农林厅技术推广科气象组人员，在残留旧址东侧建成齐齐哈尔气象站（北纬 47° 20′，东经 123° 56′，海拔高度 147.0 米）。该站于 1949 年 7 月 1 日开始进行地面气象观测，与哈尔滨、牡丹江、佳木斯、嫩江、鸡西、克山一道成为黑龙江最初的 7 个气象台站之一。

历经沧桑变化，气象观测活动在夹缝中求生、在困苦中奋进，为黑龙江也为新中国保留了大量珍贵的观测数据和历史资料，也为新中国开发北大荒、建设大兴安岭高寒林区等做出了积极贡献。

第二节
齐齐哈尔气象的新生

（一）管理体制历史沿革

新中国成立后，齐齐哈尔气象台归属黑龙江省军区军事部气象科，更名为齐齐哈尔气象站，气象站的主要任务是开展地面观测、参加全国气象广播和积累本站资料。气象站历经管理体制“两军三上四下”和两次迁站，始终保持机构的稳定与观测数据的连续。

1950 年 1 月，齐齐哈尔气象站在全省率先成立气象通信机构，作为抗美援朝的大后方，每日定时接收编发 8 次航空天气报和危险天气通报，以保障志愿军空军以及民航安全。

1949 年建设的气象观测场

1954年4月，齐齐哈尔机场气象台和齐齐哈尔气象站合并，改称齐齐哈尔气象台，下设预报、通信、机要、观测四个业务组。

1954年8月，黑龙江省政府成立气象局，齐齐哈尔气象台隶属黑龙江省气象局，地方上归属齐齐哈尔市政府办公厅，形成条块结合、以条为主的领导管理体制。

1960年4月，齐齐哈尔市与嫩江地区行署合并，成立大市委、大政府，齐齐哈尔气象台归齐齐哈尔市水利局领导，水利局设气象水文科统管全市气象水文工作。1961年11月，地、市分设后，齐齐哈尔气象台划归嫩江地区水利局直接领导，改称嫩江地区气象台。

1962年10月15日，中央气象局确定调整气象工作管理体制，决定各气象台站改归省气象局建制，人权、财权、仪器供应、业务等由气象部门负责，气象台归属省气象局建制后，地方由嫩江地区行署科委领导。

1964年1月1日，齐齐哈尔气象台迁至齐齐哈尔市建华区文化路西侧、林干校东侧（北纬47° 23′，东经123° 55′，海拔高度145.9米）。

1973年9月，嫩江地区气象台晋升县团级单位，改称嫩江地区气象局，实行局、台合一的体制，下设科室。

1964年迁站到林干校东侧的观测场地

1983 年起，全国气象工作领导管理体制实行“气象部门与地方政府双重领导，以气象部门领导为主”。1985 年 1 月，嫩江地区气象局改名为齐齐哈尔市气象局，地方属齐齐哈尔市委、市政府领导，隶属于黑龙江省气象局。

2002 年 1 月 1 日，齐齐哈尔市气象局迁至建华区明月北市区新江路 60 号（北纬 47° 22′，东经 123° 55′，海拔高度 147.1 米）。

（二）现代化建设

党的十一届三中全会后，齐齐哈尔市气象局加快了建设气象事业的步伐。1979 年，齐齐哈尔市气象局设置 701 型测风雷达；1984 年，建成气象警报系统；1986 年以来，伴随 PC-1500 计算机、网络、数值预报产品等先后持续应用，进一步为气象事业发展夯实了基础。

千禧年之后，齐齐哈尔气象现代化建设进一步腾飞。

20 世纪 80 年代，齐齐哈尔市气象局职工合影

2002 年，在扎龙湿地建成全国首个湿地生态气象站，并开展大气干湿沉降、植被生长环境等监测，助力丹顶鹤恢复新家园。

2003 年，完成人工观测向自动观测的过渡，传承百年的观测手段迎来新跨越。目前，齐齐哈尔共建有 115 个区域自动站，在地质灾害易发区建设 7 个山洪站，在现代农业产业示范园区建设 4 个农业气象自动站，形成了较为完善的综合监测网络。

2004 年，新一代多普勒天气雷达投入使用，短时临近预报、灾害性天气预警成为新业态。

自 2010 年起，黑龙江省气象局在全省大力推进农村气象防灾减灾体系和山洪灾害气象保障工程建设，到 2020 年，齐齐哈尔市气象局共建设电子显示屏 154 块、气象信息服务站 98 个，建成了国家突发事件预警信息发布系统和气象信息短信预警系统。

2013 年，齐齐哈尔市气象局成为黑龙江省率先基本实现气象现代化试点单位，制定了 2015—2020 年气象现代化指标，安装了闪电定位仪、大气成分观测仪、酸雨观测系统，形成天地空三基观测系统为一体的灾害性天气监测预警系统，到 2017 年时，提前 3 年完成了 2020 年的气象现代化指标，为早日实现气象现代化奠定了良好的基础。

水稻农田小气候监测站

第三节
齐齐哈尔气象的发展

（一）气象观测业务

1. 地面观测业务

新中国成立之初，齐齐哈尔气象站地面观测每日 6 次，发报次数 6 次，夜间守班，观测项目有气温、湿度、天气现象、降水量、蒸发、气压、风向、风速、草温、日照、地面温度、云量、云状、云向及云速。1960 年 7 月 1 日，由每日 6 次观测改为 8 次（02 时、05 时、08 时、11 时、14 时、17 时、20 时、23 时），并编发电报。同时取消了地方时计时，统一采用北京时。

改革开放前，观测工作完全是靠人工进行，不论刮风下雨，烈日炎炎，值班员都会每小时进行一次巡视，在整点前 10 分钟开始正式观测，先观测值班室内的气压计、风向风速自记仪，然后到观测场观测浅层和深层地温、日照计、雨量筒、翻斗雨量和雨量自记仪、大百叶箱内温度和湿度自记仪、小百叶箱内干湿球温度表和最高、最低温度表，以及查看天气现象，在观测过程中发现仪器设备有异常，就必须马上进行修复。到了冬季，还要对冻土、毛发表、雾凇架等进行观测。每隔 3 小时编发一次报文，每次编发报文都是手工进行查表和计算，当时的计算工具就是算盘和计算尺。老一辈气象工作者就是这样年复一年地俯察仰望，观电闪雷鸣，察雨雪冰霜，为百姓的生产生活提供及时的预警保障。

改革开放后，国外先进的技术和设备陆续应用到气象领域。1986 年，PC-1500 袖珍计算机投入业务使用，实现自动查算编报，结束了近 80 年的手工查算编报。1998 年，首台“奔四”计算机投入业务使用，实现自动编报及报表制作，结束了手工抄录报表的历史。随着自动观测设备的投入使用，2004 年，齐齐哈尔国家基本气象站开始为期 2 年的自动站与人工站的对比观测；2005 年，开始闪电定位仪监测，2006 年，开始自动站单轨运行；2007 年，齐齐哈尔气象台观测站开始自动站与人工站同时观测，

24 小时发报（以自动站发报为主），同年开展酸雨测量工作。2009 年，齐齐哈尔国家基本气象站开始自动站单轨运行，同时取消了气压、气温、湿度自记和风向、风速自记。2013 年，开始大气成分观测。2014 年，人工定时观测由 8 次改为 5 次；取消云状的观测；取消雷暴、闪电、飑、龙卷、烟幕、尘卷风、极光、霰、米雪、冰粒、吹雪、雪暴、冰针 13 种天气现象的观测。2020 年，地面气象观测自动化改革正式运行，自动观测已经完全能够代替人工观测，人工观测退出了历史舞台。

2. 高空观测业务

新中国成立后，齐齐哈尔机场气象台一直担负高空气象探测任务。齐齐哈尔地处东北，风力大、沙尘多，当地人打趣说："一年两场风，一场刮半年。"因此，施放探空气球时，有时需要两个人相互配合才能完成观测，每个高空探测人员都有过被氢气球拖着满地打滚、摔得鼻青脸肿的经历，但大家依旧保持严谨认真的态度，并笑称这是"御风而行"。

1954 年 4 月，齐齐哈尔机场气象台和齐齐哈尔气象站合并，改称齐齐哈尔气象台，高空风观测项目便由齐齐哈尔气象台承担，每日 11 时、23 时 2 次小球观测，采用经纬仪观测方法。1957 年 4 月起，高空风观测时间调整为每日 07 时、19 时 2 次小球观测。1958 年 3 月，高空风观测时间调整为每日 01 时、07 时、19 时 3 次小球观测。1979 年 10 月，齐齐哈尔探空站引进第一部 701 型测风雷达，从此开始高空综合探测，每日 07 时、19 时 2 次，利用雷达对高空气温、气压、湿度进行观测，每日 01 时采用经纬仪开展小球测风。1984 年 6 月，PC-1500 袖珍计算机投入使用，实现了探空记录部分自动整理。1988 年，探空信号自动接收设备研发成功，从此探空信号可自动接收，结束了手工接收探空信号的历史。1992 年，高空观测迎来了第一次自动化革命，将原来的 701 雷达改造为 701C 型雷达，实现了探空信号的自动接收与处理。1995 年 7 月软件升级后，探空温、压、湿、风月报表可自动形成，为高空观测走向自动化奠定了基础。1991 年 1 月，01 时雷达测风奉令停止。

随着高空设备的更新换代，2009 年起，齐齐哈尔国家基本气象站测风雷达正式换型为 L 波段雷达，探空仪实现数字化改造，每日 07、19 时 2 次雷达综合观测，完全实现了探空、测风自动跟踪，不但节省了人力，更提高观测质量。

（二）气象预报业务

天气预报一直备受人们的关注，深刻影响着人类的生产生活。从最初的纯粹依靠生活经验判断，到后来传统天气图的诞生，天气预报逐渐成为一门应用科学，再到现在的数值天气预报，预报准确率大幅提升。

1951 年，齐齐哈尔气象站开始选填地面天气图以及 700 百帕高空图，天气预报业务就此起步。1954 年，齐齐哈尔气象台开展气象资料整理工作，开始了截至目前不间断的气象观测记录。1956 年，正式对外公开发布天气预报。

我国的数值天气预报业务研究开始于 1954 年，当时，中央气象台数值预报研究条件十分艰苦，没有电子计算机，并且绝大部分人员没有学过数值天气预报。在我国现代气象事业的开拓者、气象学家顾震潮先生的指导下，开始探索数值天气预报工作。

1959 年，我国 104 电子计算机研制成功，为数值预报的发展创造了条件。1960 年 2 月，中央气象局制作的 24 小时和 48 小时高空天气形势预报提供给预报员试用。这一时期，使用的数值预报模式为"正压过滤涡度方程模式"。1965 年 3 月，经过中央气象局批准，正式开始向全国发布 48 小时 500 百帕形势预报。

1982 年，经过几代人坚持不懈的努力，短期数值天气预报业务（B 模式）投入使用，结束了我国只使用国外数值天气预报产品的历史。经过多年的科技攻关，我国逐渐步入世界数值天气预报先进行列。

随着技术的不断发展，齐齐哈尔市气象局气象灾害预报预警能力大幅提升。2016 年建成《气象预警信息全网传输发布平台》，气象预警信号、灾害防御信息，仅需 3 分钟就可以完成发布，年平均发布预警短信 200 余万条。信息直接发送给市、县、乡、村及气象信息员，转发辐射到所在区域及部门。气象预警信息公众覆盖率 98%，乡镇以上气象灾害防御组织体系覆盖率达到 98% 以上，惠民智慧气象服务产品覆盖面 90%，24 小时天气预报准确率晴雨达到 90%，气温达到 74%，临近暴雨（雪）预警准确率达到 83%，主要灾害性天气预警时间提前量 29 分钟。

组织创新团队开发了"齐齐哈尔气象信息服务系统""齐齐哈尔消防应急救援气象信息服务系统"，利用全国综合气象信息共享平台（CIMISS）数据库收集上游区域

齐齐哈尔气象信息显示终端的天气预报信息

站数据，实现实时显示，为地方政府和相关部门在防灾减灾工作中提供准确、及时的气象预报预警信息。

（三）气象服务业务

1. 发展概述

1949 年 7 月，中国人民解放军黑龙江军区在齐齐哈尔机场建立了气象台，该台在为空军建设和抗美援朝战争提供气象保障的同时，也为齐齐哈尔市抗灾、防灾提供气象服务。

1956 年 6 月 1 日，全国气象情报、天气预报撤销对外保密限制后，齐齐哈尔人民广播电台《齐齐哈尔日报》公开发布 24 小时的天气预报和警报，从此天气预报直接为城乡广大人民群众生产生活服务。

1958 年，在中央气象局提出“依靠全党全民办气象，提高服务的质量，以农业服务为重点，组成全国气象服务网”的工作方针指导下，齐齐哈尔市郊区的一些乡镇人民公社也建立了气象哨，各生产队建立了看天小组，开展补充订正报，直接为当地群众生产生活服务。

齐齐哈尔市气象局努力打造气象服务工作“五满意”，即决策服务让领导满意、公众服务让社会满意、专项服务让部门满意、专业服务让用户满意、指导服务让基层满意。2014—2020 年，齐齐哈尔市气象局连续 6 年被黑龙江省气象局评为“重大气象服务先进集体”。近三年，气象服务满意度平均 91.1 分。

在决策服务方面，以“准确及时、优质服务”为理念，以农业服务为重点，紧紧围绕重点，关注热点，定期、不定期地为市委、市政府及有关决策部门提供指挥生产、防灾减灾、应对气候变化、环境保护等方面的决策气象服务信息，及时为重点工程、重大活动保驾护航，努力当好领导决策的气象参谋，受到了市委、市政府及有关部门领导的高度赞扬。

在公众服务方面，服务群众，方便生产生活。关注重大节日，开展气象科普宣传。通过微博、微信等新媒体传播气象预报信息、气象科普知识、预警信息、短时临近天气预报、生活常识等。

在专项服务方面，几十年来，齐齐哈尔市气象局先后为施工设计、铁路试验等开展专项服务，取得了较好效果。例如：1985 年，为齐齐哈尔市城建部门承担的齐齐哈尔氧化塘围堤设计提供 34 项气象数据；1986 年，为齐齐哈尔市政府热力处进行场址选址提供高空、低层风场、温度场等气象数据；1986 年 6 月，为国营建华机械厂新型火炮试验提供现场服务；1990—1991 年冬季，为哈尔滨铁路局齐齐哈尔科研所进行机车燃油低温试验提供预报服务；等等。

在专业服务方面，自 1982 年起，齐齐哈尔市气象局指定一名预报人员专门从事有偿专业气象服务工作，负责了解用户需求、提供相应的气象服务，以及进行信息反馈等。1984 年，建立起气象广播电台，发展了气象警报系统，当年用户布接收机 20 部。1995 年，开启“121”电话自动答询系统。2003 年，开通网上服务，专业服务用户近 200 户，涉及农业、工业、电业、商贸、医疗、交通、林业等近 20 个行业。

此外，为适应对外提供通用气象资料服务的需要，1980 年，齐齐哈尔气象局成立了资料室，后归服务科，现有 3 名气象资料工程师承担全市气象资料的整编、续编和对外服务工作。自 1983 年起，编撰出版年度气候评价，报送黑龙江省气象局、齐齐哈尔市党政领导机关和广大用户单位，深受好评。

2. 服务案例

（1）1983 年“4 · 29”特大暴风雪

1983 年 4 月 28 日，齐齐哈尔遭受历史罕见特大暴风雪袭击。28—29 日，齐齐哈尔总降雪量达 33.8 毫米，极大风速 24 米 / 秒，48 小时平均气温下降 10.2 ℃，最低气温- 1.8 ℃；出现了冰凌（雨凇），东西向雨凇最大直径为 56 毫米，厚度为 47 毫米，每米电线结冰量为 1400 克。齐齐哈尔气象台提前发布雨夹雪及寒潮、大风预报，并向有关部门通报“结凌预报”等专项服务产品。

当时，受特大暴风雪影响，齐齐哈尔电业局炮台屯变电所 12 万千伏安变压器线圈被烧坏，严重影响了齐齐哈尔市及周围各县的供电，而露天抢修这样大的变压器，对气象条件的要求极为严格，需要 2 ～ 3 天的绝对无雨，湿度不能过大，风力要在四级以下。针对此情况，在断水、断电、断通信的艰苦条件下，气象部门年轻同志轮番用手摇发电机发电，顶着 20 多米 / 秒的大风开展暴风雪观测，踏着没膝的大雪将报文及时送到了通信室。

1983 年 4 月 29 日，齐齐哈尔暴风雪实况

（2）1998年夏季洪水

1998年7月，松花江、嫩江接连发生大洪水。作为嫩江流域的中心城市，齐齐哈尔市年降水量764.8毫米，比历史同期多65%，出现了全市性的严重内涝。

1998年1月，齐齐哈尔市气象局在年度气候预测中就提前指出："1998年是多水年，盛夏汛情可能是近几年来较重的一年，防汛排涝工作早做准备。"在5月发布的季度

1998年洪水漫进气象局院内

洪水浸泡观测场

工作人员在洪水中施放探空气球

1998年8月19日，中国气象局名誉局长邹竞蒙（左三）在齐齐哈尔市气象局指导特大洪水抗洪抢险气象服务工作

气候预测中，气象局再次强调：“盛夏多雨，汛情较重，我市的洪涝和内涝灾害可能是10年中最重的一年，要立足于防大汛，抗大涝。”

洪涝期间，气象站距嫩江江堤直线距离只有1.1公里，由于嫩江长时间处在高水位，加上长时间降水，观测站院内的积水日渐加深，随着连续降水和嫩江水位的不断增长，观测站的积水距值班室不到30米，放球亭及百叶箱已在水中。从值班室到灌球室的道路全部被积水淹没，最深处可达80厘米，去充灌气球的路无法穿雨鞋，只能光脚或穿系带的运动鞋，有时脚还会陷在泥里。为了防止洪水进入值班室，在站长的指挥带领下，站里的同志把高空观测的相关仪器设备搬到了2楼，对雷达电缆进行梳理编号，以防一旦洪水灌入值班室可以快速搬走雷达机柜并将其与电缆连接好。在泥水里顶着风雨施放气球，困难重重，即便是在这种恶劣的条件下，气象工作者也没有退缩，而是克服种种困难，坚守抗洪一线，并将气象观测站点建设在大堤上，准确预测4次洪峰。时任中国气象局名誉局长、WMO主席邹竞蒙在奔赴齐齐哈尔坐镇指挥时，对齐齐哈尔的气象工作给予充分肯定。

（3）2020年“4·20”特大暴风雪

2020年4月19—21日，齐齐哈尔地区出现了少见的特大暴雪天气过程，齐齐哈尔市区24小时降雪量超过30毫米，属于特大暴雪量级，并伴有6级左右的偏北大风，最低气温下降10℃。

2020年暴雪灾情

齐齐哈尔市气象局提前跟踪、研判此次高影响天气过程，分别于 17 日和 19 日向齐齐哈尔市委、市政府及相关部门报送大风、降温和降水的《重大气象信息专报》。19 日 08 时齐齐哈尔市气象台发布寒潮黄色预警信号，15 时发布暴雪天气预报，22 时继续发布大风蓝色预警信号。20 日 07 时齐齐哈尔市气象台发布暴雪黄色预警信号，08 时发布道路结冰黄色预警信号，17 时将暴雪预警信号升级为红色。截至 21 日 10 时，市、县两级共发布重大气象信息专报 12 期，重大突发公共卫生事件气象服务专报 12 期，发布暴雪黄色预警信号 7 次，暴雪红色预警信号 2 次，道路结冰黄色预警信号 14 期，降水实况信息 20 期，并针对此次强降水对大田播种的影响发布《大田播期旱涝分析》和《农业气象旬报》各 1 期。

此次特大暴雪天气过程也对气象观测设备产生了不利影响。为了确保观测业务正常运行，观测人员多次顶着风雪清理风塔传感器和线路的积冰，以确保气象观测正常进行。

（4）2020 年台风“三连击”

2020 年 8 月上中旬，齐齐哈尔市降水过程频繁，降水量为 146.7 毫米，比历年同期多 94.6%。8 月下旬末至 9 月上旬短短的 10 多天又先后有台风“巴威”“美莎克”“海神”北上影响齐齐哈尔市。

洪水淹没农田

针对接二连三的台风带来的影响，齐齐哈尔市气象局密切关注天气变化，加强会商研判，做好每次台风过程所引起的降水、大风的起止时间、主要影响时段及降雨落区的预报。根据降雨情况和天气形势，在雨前、雨中加密会商，加强监测预报预警工作，并及时将有关预报预警和雨情等重大气象信息报送市政府及有关部门，为各级各部门提前采取措施争取了主动，为防灾减灾决策提供了准确的气象依据。

第四节

齐齐哈尔气象的未来

沿着历史的长河，观世纪气象变幻，看腾云怎样致雨，看露结如何成霜。一个多世纪的雨雪风霜，铸就了鹤城气象的百年沧桑。自 1949 年齐齐哈尔气象站建站起，齐齐哈尔气象事业在党的领导下蓬勃发展，特别是改革开放后，随着国民经济的发展，气象综合业务快速发展，从当初的观测和预报业务逐渐发展到今天的集应急减灾、综合管理、气象法治建设于一身的现代化气象业务。

近年来，齐齐哈尔市气象局依托气象部门的行业特点和优势，以新一代天气雷达为中心，建成包括 10 个国家级自动站、123 个区域自动气象站、10 个自动土壤水分监测站在内的观测体系。

气象现代化水平取得突破性进展。66 个区域站获准进入国家气象观测站网，站网布局更加合理，高水平完成了中国气象局基本实现气象现代化 90 分的目标要求。政府主导、部门联动的人工影响天气机制基本完成，人工影响天气工作更加协调高效。

“十四五”期间，齐齐哈尔将加快建设基于大数据、云计算的智慧气象，并将智慧气象纳入科技强农行动，助力松嫩平原中低产田改造和高标准农田建设，提高玉米、水稻和马铃薯产量，服务“两大平原”现代农业综合配套改革，让中国饭碗端稳“龙江粮”。参与湿地草原保护恢复工程和生态脆弱区修复工程建设，为“哈大齐工业走廊”和老工业基地改造再添新绿，为以冰球为代表的冰雪运动提供科技支撑与服务保障。

鹤鸣九皋声自远，齐齐哈尔市气象局将立足气象关乎生命安全、生产发展、生活富裕、生态良好的定位，紧紧抓住齐齐哈尔构建高效生态农业新格局大好机遇，乘势而上，努力做到监测精密、预报精准、服务精细，切实发挥气象防灾减灾第一道防线作用，积极探索气象服务农业现代化的新路径。齐齐哈尔气象工作者将继续根植北国、勤奋执着、创新创业、共谋和谐，让嫩江的水更清、扎龙的草更绿、城市的天空更蓝，气象事业更辉煌。

齐齐哈尔国家基本气象站办公楼（2021 年摄）

齐齐哈尔国家基本气象站观测场（2021 年摄）

主要参考文献

北京市气象局气候资料室，1987. 北京气候志 [M]. 北京：北京出版社 .

陈德群，1987. 北极阁观象台 [J]. 中国科技史料，8（1）：40-42.

陈正洪，2020. 气象科学技术通史 [M]. 北京：气象出版社 .

储文娟，王挺，吕凌峰，2015. 北京地区清代钦天监初雷天气记录分析 [J]. 古地理学报，17（1）：129-136.

丁佳，2019. 赵九章：最是那一抹东方红 [J]. 北方人（11）：23-25.

顾长声，1981. 传教士与近代中国 [M]. 上海：上海人民出版社 .

嵇刊，吴宇，刘成贺，2021. 一座北极阁 千年气象史 [J]. 科学大众（中学生）(04)：32-35.

江苏省地方志编纂委员会，1996. 江苏省志·气象事业志 [M]. 南京：江苏科学技术出版社 .

钱馨平，2020. 中国近代气象学科建制化研究 [D]. 南京：南京信息工程大学 .

青岛市观象台，1948. 青岛市观象台五十周年纪念特刊 [Z]. 青岛：青岛市观象台 .

青岛市气象局，青岛市气象学会，2014. 百年青岛气象 [M]. 北京：气象出版社 .

山本晴彦，2014. 帝国日本气象观测 [M]. 日本东京：农林统计出版株式会社 .

申丹娜，陈正洪，钟琦，2018. 从气象学员到水文气象预报开拓者——章淹教授访谈录 [J]. 气象科技进展，8（6）：42-48.

沈冰冰，张静，颜惠玲，张敏，2016. 青岛观象台的历史沿革与贡献研究（1898—1949 年）[J]. 气象科技进展，6（4）：44-50.

孙毅博，2017. 国立中央研究院气象研究所与民国气象测候网建设 [C]// 中国科技史学会 . 第三届全国气象科技史学术研讨会论文集 .

王东，丁玉平，2014. 竺可桢与我国气象台站的建设 [J]. 气象科技进展，4(6)：66-67.

王奉安，2004. 我国近代气象科学研究机构及其贡献述略 [C]// 中国气象学会 . 推进气象科技创新 加快气象事业发展——中国气象学会 2004 年年会论文集(下册). 北京：气象出版社：45-46.

王挺，吕凌峰，储文娟，2018. 清钦天监气象工作的考察 [J]. 中国科技史杂志，39(1)：35-47.

温克刚，2003. 中国气象史 [M]. 北京：气象出版社 .

芜湖市地方志编纂委员会，1993. 芜湖市志（上册）[M]. 北京：社会科学文献出版社.
芜湖市文物局，2019. 芜湖旧影 甲子流光 [M]. 合肥：安徽美术出版社.
吴增祥，2007. 中国近代气象台站 [M]. 北京：气象出版社.
吴增祥，2014. 1949 年以前我国气象台站创建历史概述 [J]. 气象科技进展，4(6)：60-66.
夏杰，唐学术，2019. 抗战时期以重庆为中心的重要气象机构变迁 [J]. 气象与环境(2)：132-135.
杨潇然，2017. 安徽近代天主教堂形式研究（1860—1936）[D]. 合肥：合肥工业大学.
于锋，2019. 中国近代气象学发源于南京这座小山 [N]. 新华日报，2019-03-22（13）.
翟广顺，2017. 蒋丙然与青岛气象海洋教育事业的开拓 [J]. 北京教育学院学报，31(3)：76-82.
张德二，刘月巍，2002. 北京清代“晴雨录”降水记录的再研究——应用多因子回归方法重建北京（1724—1904 年）降水量序列 [J]. 第四纪研究，22（3）：199-208.
张德二，王宝贯，1990. 用清代《晴雨录》资料复原 18 世纪南京、苏州、杭州三地夏季月降水量序列的研究 [J]. 应用气象学报（3）：260-270.
张璇，2015. 民国时期中国气象学会会员群体研究（1924—1949）[D]. 南京：南京信息工程大学.
张璇，彭煜清，2014. 民国时期我国气象事业发展初探——以史镜清为例 [J]. 黑龙江史志（13）：85-87.
竺可桢，2005. 竺可桢全集 [M]. 上海：上海科技教育出版社.